U0137953

湿地中国科普丛书

POPULAR SCIENCE SERIES OF WETLANDS IN CHINA

中国生态学学会科普工作委员会　组织编写

陆海拉链
滨海湿地

Buffer Zones between Continents and Oceans
— Coastal Wetlands

曾江宁　韩广轩　主编

中国林业出版社

图书在版编目(CIP)数据

陆海拉链——滨海湿地 / 中国生态学学会科普工作委员会组织编写；曾江宁，韩广轩主编. -- 北京：中国林业出版社，2022.10
（湿地中国科普丛书）
ISBN 978-7-5219-1901-1

Ⅰ. ①陆… Ⅱ. ①中… ②曾… ③韩… Ⅲ. ①海滨—沼泽化地—中国—普及读物 Ⅳ. ①P942.078-49

中国版本图书馆CIP数据核字(2022)第185509号

出 版 人：成　吉
总 策 划：成　吉　王佳会
策　　划：杨长峰　肖　静
责任编辑：袁丽莉　肖　静
宣传营销：张　东　王思明　李思尧

出版　中国林业出版社（100009　北京市西城区刘海胡同 7 号）
　　　http://www.forestry.gov.cn/lycb.html　电话：（010）83143577
印刷　北京雅昌艺术印刷有限公司
版次　2022 年 10 月第 1 版
印次　2022 年 10 月第 1 次
开本　710mm × 1000mm　1/16
印张　14.25
字数　160 千字
定价　60.00 元

湿地中国科普丛书

编辑委员会

编辑工作领导小组

编辑项目组

《陆海拉链——滨海湿地》

编辑委员会

序言

湿地是重要的自然资源，更具有重要生态系统服务功能，被誉为“地球之肾”和“天然物种基因库”。其生态系统服务功能至少包括这样几个方面：涵养水源调节径流、降解污染净化水质、保护生物多样性、提供生态物质产品、传承湿地生态文化。同时，湿地土壤和泥炭还是陆地上重要的有机碳库，在稳定全球气候变化中具有重要意义。因此，健康的湿地生态系统，是国家生态安全体系的重要组成部分，也是实现经济与社会可持续发展的重要基础。

我国地域辽阔、地貌复杂、气候多样，为各种生态系统的形成和发展创造了有利的条件。2021年8月自然资源部公布的第三次全国国土调查主要数据成果显示，我国各类湿地（包括湿地地类、水田、盐田、水域）总面积8606.07万公顷。按照《关于特别是作为水禽栖息地的国际重要湿地公约》（简称《湿地公约》）对湿地类型的划分，31类天然湿地和9类人工湿地在我国均有分布。

我国政府高度重视湿地的保护与合理利用。自1992年加入《湿地公约》以来，我国一直将湿地保护与合理利用作为可持续发展总目标下的优先行动之一，与其他缔约国共同推动了湿地保护。仅在“十三五”期间，我国就累计安排中央投资98.7亿元，实施湿地生态效益补偿补助、退耕还湿、湿地保护与恢复补助项目2000余个，修复退化湿地面积700多万亩[①]，新增湿地面积300多万亩，2021年又新增和修复湿地109万亩。截至目前，我国有64处湿地被列入《国际重要湿地名录》，先后发布国家重要湿地29处、省级重要湿地1001处，建立了湿地自然保护区602处、湿地公园1600余处，还有13座城市获得“国际湿地城市”称号。重要湿地和湿地公园已成为人民群众共享的绿色空间，重要湿地保护和湿地公园建设已成为“绿水青山就是金

① 1亩=1/15公顷。以下同。

山银山”理念的生动实践。2022年6月1日起正式实施的《中华人民共和国湿地保护法》意味着我国湿地保护工作全面进入法治化轨道。

要落实好习近平总书记关于“湿地开发要以生态保护为主，原生态是旅游的资本，发展旅游不能以牺牲环境为代价，要让湿地公园成为人民群众共享的绿意空间”的指示精神，需要全社会的共同努力，加强湿地科普宣传无疑是其中一项重要工作。

非常高兴地看到，在《湿地公约》第十四届缔约方大会（COP14）召开之际，中国林业出版社策划、中国生态学学会科普工作委员会组织编写了“湿地中国科普丛书”。这套丛书内容丰富，既包括沼泽、滨海、湖泊、河流等各类天然湿地，也包括城市与农业等人工湿地；既有湿地植物和湿地鸟类这些人们较为关注的湿地生物，也有湿地自然教育这种充分发挥湿地社会功能的内容；既以科学原理和科学事实为基础保障科学性，又重视图文并茂与典型案例增强可读性。

相信本套丛书的出版，可以让更多人了解、关注我们身边的湿地，爱上我们身边的湿地，并因爱而行动，共同参与到湿地生态保护的行动中，实现人与自然的和谐共生。

中国工程院院士

中国生态学学会原理事长

2022年10月14日

前言

湿地是水陆相互作用形成的特殊自然综合体，是地球上极具生物多样性的生态系统，也是人类最重要的生存环境之一。广袤的海洋边缘，潮涨潮落，孕育了诸多美丽富饶、神奇多姿的滨海湿地。在我国长达1.8万千米的大陆海岸线上，散落着由海陆交错而形成的河口、滩涂、盐沼、红树林、珊瑚礁、海草床和浅海水域等诸多类型的滨海湿地。由北至南，主要有鸭绿江口、双台子河口、黄河口、盐城、长江口、珠江口和广西北部湾七大滨海湿地。

滨海湿地是指沿海岸线在波浪和潮流为主要动力作用下形成的原地基岩或泥沙堆积的倾斜平地，由连续的沿海区域、潮间带区域以及包括河网、河口、盐沼、沙滩等在内的水生态系统组成，在潮汐周期内被海水周期性淹没，或在风暴潮时暂时淹没，或经常处于浅层海水之下。按照《湿地公约》的定义，滨海湿地的下限为海平面以下6米处（习惯上常把下限定在大型海藻的生长区边缘），上限为大潮线之上与内河流域相连的淡水或半咸水湖沼及海水上溯未能抵达的入海河的河段。根据《中华人民共和国海洋环境保护法》，“滨海湿地”的定义表达为：“指低潮时水深浅于6米的水域及其沿岸浸湿地带，包括水深不超过6米的永久性水域、潮间带（或洪泛地带）和沿海低地等。”《中华人民共和国湿地保护法》中所称“湿地”，是指“具有显著生态功能的自然或者人工的、常年或者季节性积水地带、水域，包括低潮时水深不超过6米的海域，但是水田以及用于养殖的人工的水域和滩涂除外”。总体来说，滨海湿地是指在海陆交互作用下经常被流动或静止的水体所浸淹的沿海低地、潮间带滩地以及低潮时水深不超过6米的浅水水域，即《中华人民共和国国家标准：湿地分类》（GB/T 24708-2009）中的近海与海岸湿地。

“碧海群鱼跃，蓝天鸥鸟飞”，美丽的滨海湿地是一幅承载着历史变迁和沧海桑田的优美画卷。它犹如一条盘旋于海陆之间的绸带，广泛分布于沿海海陆交界、淡咸水交汇地带，是潮流和径流共同驱动下形成的高度动态和复杂的特殊生态系统，常被称为陆地和海洋生态系统之间的生态廊道。这一生态廊道由于地处海洋生态系统和陆地生态系统之间的过渡地带，对我国的生态功能、经济功能等方面发挥着重要作用。

滨海湿地中的滩涂一度被当作土地后备资源，在经济快速发展、土地供需紧张时，成为沿海省份围填海的首选地。党的十八大之后，生态文明成为“五位一体”的重要组成，人与自然如何相处得以重新考量，湿地作为重要的生态系统，其生态价值也得到了再评估。在新发展理念的指引下，滨海湿地生态系统作为海洋生态文明建设的物质基础和空间载体，将为人类破解海洋可持续发展难题提供可能，成为构建人与自然和谐共存的绿色家园。

“十四五”期间，科学技术部启动的“海洋环境安全保障与岛礁可持续发展”重点研发任务中，将有若干科研团队为滨海湿地的可持续发展协同科技攻关。例如，2022年启动的“近海海域氮磷污染陆海气协同防治关键技术研究与示范（2021YFC3101700）”项目，便以中国最具经济活力，同时叠加生态环境高压力的长江三角洲区域为研究对象，以氮磷污染控制为切入点，将为滨海湿地的可持续发展提供中国科技方案。

为了向公众系统展现我国滨海湿地的保护、科研与理念，在中国林业出版社和中国生态学学会科普工作委员会的联合倡议下，本册图书两位主编组织了国内一批从事滨海湿地研究、保护工作，且热心科学传播的中青年学者集体创作了“湿地中国科普丛书”的滨海湿地分册。

陆海交界线如同绵长的拉链，将祖国的绿色国土与蓝色国土完美地联结起来。习近平生态文明思想强调生态系统的整体观，坚持“绿水青山就是金山银山”的绿色发展观。党的十九大报告中提出陆海统筹，建设海洋强国，滨海湿地无疑是陆地与海洋的纽带，是陆海统筹的关键界面，因此笔者将本分册题目定为《陆海拉链——滨海湿地》。

滨海湿地作为连接陆地生态系统与海洋生态系统的交错生态系统，有着独特的结构与功能。全书从中国滨海湿地基本情况切入，用专篇分别阐述了滨海湿地的生产资料及食品供给、物质调节、生物多样性支持、生态安全屏障、文化等生态功能，并结合我国实践，展望了滨海湿地与生态文明和人类发展的关系。全书由沧海桑田话湿地——中国滨海湿地概述、陆海相连共发展——物质循环、物产丰富泽众生——生态供给、万类霜天竞自由——生物多样、和谐共生展韧性——生态屏障、雕画地貌形态丰——海岸雕刻师、向海图强民族兴——生态文明、天人合一共和谐——人类发展八章组成，分别由刘家沂、韩广轩、周毅、曾江宁、曾旭、陈鹭真、陈斌、洪奕丰组稿编排，全书由曾江宁、韩广轩统稿。

生态系统复杂而扑朔多变，稳定又演变进化，开放并广纳万物，滨海湿地亦如此。作者穷尽毕生之所学也只能讲述滨海湿地的冰山一角，再加上作者水平有限，书中难免纰漏谬误，还望各位读者不吝指正。

本书编辑委员会

2022年5月

目录

亿万年海陆变迁，百万年人类进化，五千年华夏文明，水陆交汇之地，文明依水而生，文明向海而兴。炎黄大地，三百万平方千米的海洋边缘，潮起潮落，海陆交错间，滨海湿地承载着中国的历史、现在与未来。中国有多少滨海湿地？中国滨海湿地与《湿地公约》存在什么联系？斗转星移间人与海如何相处？变与不变中湿地走向如何？本篇将带您浏览神州版图上的滨海湿地。

沧海桑田话湿地
——中国滨海湿地概述

资源盘点——滨海湿地类型与中国的滨海湿地

滨海湿地类型

全球滨海湿地的分布面积大约为20.3万平方千米，其中，在我国分布的面积约为5.7959万平方千米。根据《湿地公约》和中国湿地调查的分类标准，中国的滨海湿地综合分类如下。

首先，根据成因的自然属性可将滨海湿地分为自然滨海湿地和人工滨海湿地两大类。其中，自然滨海湿地以受潮汐的影响程度为主导指标，分为潮上带淡水湿地、潮间带滩涂湿地、潮下带近海湿地和河口沙洲离岛湿地4个亚类。

潮上带淡水湿地位于高潮位以上延伸至陆上10千米左右范围内的地带，潮汐作用不及，平时只受含盐分的海风吹拂，有时被含盐分的雾所笼罩，只有当风暴潮来临之时，海水才暂时溅漫，整个生物界的面貌基本上属陆相。

潮间带滩涂湿地介于大潮高潮位与大潮低潮位之间，在潮汐周期内被海水涨淹退露。潮间带滩涂湿地通称滩涂或潮滩。河口输出的泥沙、沿岸流从远处河口和侵蚀岸段带来的泥沙，以及海浪从大陆架上推来的泥沙，在适宜岸段堆积下来；咸水沼泽植物起着促淤作用；热带海岸造礁石珊瑚类动物群及其碎屑自成礁坪。

潮下带近海湿地包括海岸低潮线以下水深6米内的水域和海底。沿岸分布，最宽约10千米。水底地形为从潮间带滩涂向海延伸的水下岸坡，底质相应地为砂、淤泥、珊瑚礁或基岩。潮下带生境多样、生物丰富，尤其是环礁潟湖的生物多样性很突出，浮游生物、游泳生物、底栖生物和鸟类都很多。

河口沙洲离岛湿地，包括近海具有湿地功能的岛屿，以及河口区域由江河泥沙冲积而成的沙洲。离岛湿地由岛体、海岸线、沙滩、植被和周边海域的各种生物群落共同形成，其生态系统相对独立，部分湿地还具有红树林、珊瑚礁等特殊生境，是鸟类重要的迁徙栖息地。河口沙洲离岛湿地既有正在堆积淤涨的沙洲，也包括已形成沙洲后被冲刷侵蚀的剩余部分，其共同特点是间歇性或长期被水淹没，仅在低潮时或枯水期露出水面，一般尚未被高等植被覆被。

其次，按照滨海湿地的地貌、物质组成和植被特征划分为7大类，即淤泥质滨海湿地、砂砾质滨海湿地、基岩滨海湿地、水下岸坡湿地、潟湖湿地、红树林湿地和珊瑚礁湿地。

（1）淤泥质滨海湿地

淤泥质滨海湿地底质75%以上为粉砂，植被覆被率低于30%。淤泥质滨海湿地多是由于河流带来丰富的粉砂和黏土以及部分砂堆积在海岸，并受强盛的潮流作用冲淤而形成的。此类湿地形态单一，堆积地形宽广而平坦。淤泥质滨海湿地也有不同类型，按海滩动态可分为淤积、侵蚀和稳定3种类型，从成因形态上分为平原型和港湾型两类。

平原型淤泥质滨海湿地　平原型淤泥质滨海湿地主要是由江河入海从陆地搬来大量细粒的黄土物质，再经过潮流的搬运和堆积而成，海岸带较宽，达4～5千米，低潮时有些地方一望无边，只见一片平坦的泥滩。我国平原型淤泥质滨海湿地主要分布在沿海近河口的淤泥质岸段。

港湾型淤泥质滨海湿地　港湾型淤泥质滨海湿地多分布在曲折岸线处，其物质来源主要是区域内和邻近的河流所输出的泥沙。在不同气候带下各地的港湾型淤泥质滨海湿地也有些差别，这类湿地营养盐丰富，生物物种多，生物量大。

（2）砂砾质滨海湿地

砂砾质滨海湿地是由波浪运移粗颗粒沉积物在潮间带堆积而形成的，多集中在我国东部沿海。由于我国东部沿岸常受季风影响，台风入侵较频繁，风力和风暴潮对其改造作用十分明显。它以海滩为主，包括沙嘴、海岸沙坝、连岛坝、沿海风成沙丘和沙席等。砂砾质海滩处于潮汐进退及波浪作用下，由沿岸纵向和横向输沙形成，组成的砂砾粒度较粗，以灰白色中细砂为主，有些海滩成为砂矿（如锆英石、钛铁矿、金红石和独居石等）富集带。组成物质来源于山溪性河流冲积、海岸侵蚀产生的物质以及大陆架砂体。

（3）基岩滨海湿地

基岩滨海湿地由陆地基岩延伸至海边构成，一般地形比较陡峭，海岸线比较曲折，天然港湾多，这大都是由于陆地下沉或海面上升时形成的。基岩海岸的潮间带部分是岩滩，是高能条件下海蚀作用的结果，主要发育在基岩海岸的迎风面。岩滩较狭窄，一般宽仅10米左右，少有数十米者，其长度取决于基岩海岸的长度。海崖前分布有狭窄的海滩，多半是由石块、贝壳或粗砂等碎屑物质堆积而成，堆积物来源于邻近的岬角和水下岩坡的磨蚀产物。

基岩海岸的岩滩富集各类海洋生物，岩面多为附着能力强的生物种类，自由活动的种类多栖息于岩基洞穴、岩缝和砾间隙。

（4）水下岸坡湿地

水下岸坡湿地是低潮面以下潮间带向海延展的基岩或碎屑物和生物礁的堆积，水深一般超过3～5米。大多数水下岸坡宽且浅，海洋生物非常丰富，其中不乏有经济价值较高的物种。

（5）潟湖湿地

潟湖湿地通过潮汐有一个或多个狭窄水道与大海相通，既有潮流进退，又接纳环湖陆地地表径流，水质从微咸到半咸。潟湖潮下带的生物较潟湖潮间带更加丰富。

（6）红树林湿地

红树林是热带、亚热带沿岸滩涂上生长的喜热、耐盐、耐湿乔灌木。涨潮时树冠冒出海面上，一片翠绿，被称为“绿色长城”。红树林发育的滨海湿地，其中70%以上的面积被红树林所覆盖，是一种独特的生态系统，在环境、资源和人类社会可持续发展中起着重要作用。

（7）珊瑚礁湿地

珊瑚礁湿地是由珊瑚聚集生长而成的湿地，包括珊瑚岛及有珊瑚生长的海域，低潮时此区域出露。在礁坪地带，礁栖生物繁多，而海滩地带，生物较少，有鸟类在此歇息。

中国的滨海湿地

我国幅员辽阔，自然景观瑰丽神奇，拥有1.8万千米的漫长大陆海岸线，岛屿海岸线长达1.4万千米，濒临渤海、黄海、东海和南海，流域面积超过1000平方千米的入海河流1500多条；面积10平方千米以上的海湾160个。海岸线穿越温带、亚热带和热带，气候暖热，湿润多雨。气候条件、地理条件的差异，以及河海相互作用和人类活动的影响，造就了千姿百态、类型众多的滨海湿地，《湿地公约》中几乎所有的类型在我国都有分布。大连金石滩、盘锦红海滩、南麂大沙岙、霞浦金海滩等滨海湿地先后成为“国家名片”的主题。

"国家名片"上的滨海湿地

注：图中的滨海湿地分别为大连老虎滩（左上），南麂三盘尾（右上）；霞浦滩涂（下–左上1）；三沙七连屿（下–左上2）；盘锦红海滩（下–左下1）（曾江宁/供）

根据第二次全国湿地资源调查数据，我国共有滨海湿地579.59万公顷，占全国湿地面积的10.85%。共有40个国家级自然保护区、16处国际及国内重要湿地，受保护的滨海湿地面积达139.04万公顷，占滨海湿地总面积的23.99%。中国海岸带湿地保护行动计划统计，我国滨海湿地生物种类共有8252种，其中浮游植物481种、浮游动物462种、游泳动物593种、底栖动物2200余种。

我国滨海湿地以杭州湾为界，分成杭州湾以北和杭州湾以南两部分。

杭州湾以北的滨海湿地除山东半岛、辽东半岛的部分地区为岩石性海滩外，多为砂质和淤泥质海滩，由环渤海滨海湿地和江苏滨海湿地组成。环渤海湿地总面积约600万公顷，黄河三角洲和辽河三角洲是环渤海的重要滨海

长江三角洲滨海湿地卫星遥感图（张华国/制）

湿地区域，其中，辽河三角洲有集中分布的世界第二大苇田——盘锦苇田，面积约7万公顷。环渤海的滨海湿地有莱州湾湿地、马棚口湿地、北大港湿地和北塘湿地。江苏滨海湿地主要由长江三角洲和黄河三角洲的一部分构成，仅海滩面积就达55万公顷，主要由盐城地区湿地、南通地区湿地和连云港地区湿地组成。

杭州湾以南的滨海湿地以岩石性海滩为主。其主要河口及海湾有钱塘江—杭州湾、晋江口—泉州湾、珠江口河口湾和北部湾等。在海南至福建北部海湾、河口的淤泥质海滩、沿海滩涂及台湾岛西海岸都有天然红树林分布区。在西沙群岛、中沙群岛、南沙群岛及台湾、海南沿海还分布有热带珊瑚礁。

按照全国沿海各省份滨海湿地面积统计，排名前三位的分别为广东省、江苏省和山东省，其滨海湿地面积之和占全国滨海湿地总面积的47.80%;排名后三位的分别为海南省、上海市和天津市，其滨海湿地面积之和占全国滨海湿地总面积的10.35%。

（执笔人：于保华、刘家沂、杨潇）

履约实践

——中国的国际重要滨海湿地

湿地因其复杂食物网及其所支撑的丰富的生物多样性，为众多野生动植物提供独特的生境，拥有众多的遗传信息，被称为“生物超市”“生物摇篮”。湿地具有颗粒物沉降、污染物降解等过滤功能，又被称为“地球之肾”。湿地具备调节水平衡、营养物转化、改善洪涝和干旱状况、排放和固定温室气体、汇集大气二氧化碳等功能，还有物质“转化器”和气候“稳定器”的美誉。湿地还可以为人类提供大量的粮食、肉类、药材、能源及多种工业原料。湿地不愧为地球上生态价值最高的生态系统之一，为全球持之以恒地提供着巨大的社会效益、经济效益和生态效益。

中国湿地资源丰富，政府高度重视湿地保护和管理，于1992年加入《湿地公约》。30年来，我国湿地保护工作得到了快速发展，取得了显著成就。截至2018年，我国已有57处湿地分批列入《湿地公约》的《国际重要湿地名录》，其中包括许多典型的滨海湿地。

上海崇明东滩湿地

上海崇明东滩湿地位于长江入海口、我国第三大岛崇明岛的最东端，处于海洋、河流、陆地、岛屿的交汇地带，是咸淡水结合的河口型潮汐滩涂湿地，处于全球鸟类九大迁徙路线之一的东亚-澳大利西亚路线中段，是亚太地区迁徙水鸟的重要通道，也是世界最重要的野生鸟类集居、栖息地之一，为鸟类国家级自然保护区，同时还是备受国内外关注的研究河口科学问题的理想场所。

崇明东滩国家级自然保护区生物种类极为复杂与独特，已记录到的鸟类有290种。其中，列入《中国濒危动物红皮书》的鸟类20种，列入中日、中澳政府间候鸟及其栖息地保护协定的鸟类分别为156种和54种，超过世界种群数量1%的涉禽种类至少有12种，每年在崇明东滩过境中转和越冬的水鸟总量逾百万只。

上海长江口中华鲟自然保护区

长江口中华鲟自然保护区（以下简称中华鲟保护区）位于崇明岛东部的崇明东滩水域，主要为了保护中华鲟及其赖以生存的自然生态环境。中华鲟保护区地处太平洋西岸第一大河口——长江口，是世界上最大的河口湿地之一，也是我国为数不多和较为典型的咸淡水河口湿地。因此，中华鲟保护区是我国鱼类生物多样性最丰富、渔产潜力最高的河口区域之一。

中华鲟保护区属于野生生物类型自然保护区。保护区总面积达430.41公顷，核心区面积276公顷。中华鲟保护区及周边水域共鉴定出鱼类114种，监测到鱼卵仔鱼41种。除中华鲟外，该保护区内出现过多种其他珍稀濒危野生生物，包括珍稀鱼类和水生哺乳类动物。

广东海丰湿地

海丰湿地的管理机构为海丰公平大湖省级自然保护区管理局。湿地位于广东省东南部，汕尾市海丰县境内，总面积11590.5公顷。海丰湿地地处海陆交错带，属南亚热带季风气候区。海洋性气候明显，光、热、水资源丰富，为水鸟提供了适宜的栖息环境。同时，海丰湿地是亚太地区南中国海迁徙水鸟的重要通道，是国际珍稀水鸟、濒危水禽等的重要栖息场所，也是我国水鸟保护网络的重要节点。

广东海丰公平大湖省级自然保护区共有湿地植物435种，湿地动物1295种。鱼类主要包含淡水鱼类和咸淡水河口鱼类，底栖动物以软体动物贝类为主，共101种。保护区昆虫资源相对丰富，约720种，占广东省已知昆虫种类的7%～8%，主要分布于黄江公平积水区周围。

广东惠东港口海龟湿地

惠东港口海龟湿地的管理机构为广东惠东港口海龟国家自然保护区管理站。湿地位于广东省惠州市惠东县港口镇的大亚湾与红海湾交界处的大星山南麓，陆地和海域总面积约18平方千米，其中，陆地约2平方千米，海域面积约16平方千米。自古以来，这里就是海龟上岸产卵、繁殖的天然场所，也是亚洲大陆唯一的海龟自然保护区，每年6～10月都有大量海龟洄游到该湿地产卵。保护区海水水质优良、清澈透明，生物饵料丰富，共有马尾藻、鲍鱼、乌贼和海豚等水生动植物1300多种，其中，大量分布有马尾藻、珊瑚藻、凹顶藻等海藻。

广东湛江红树林国家级自然保护区

湛江红树林国家级自然保护区地处广东省湛江市雷州半岛沿岸，已成为国际重要湿地、全国示范自然保护区建设单位、中国人与生物圈保护区，是我国沿海防护林建设体系和湿地保护工程的重要区域。该保护区在净化海水、调节气候，保护海岸、防灾减灾，保护生物多样性，维护国土生态安全等方面发挥着十分重要的作用。

保护区的保护对象为红树林湿地生态系统及其生物多样性、典型的海岸自然景观等。其总面积20278.8公顷，其中，红树林面积9000多公顷，占全国红树林总面积的33%，有红树植物15科25种，是我国保护红树林面积最大的自然保护区。

广东南澎列岛国家级自然保护区

南澎列岛国家级自然保护区位于广东省南澳县南澎列岛海域内，总面积35679公顷，被誉为“中国南海典型的海洋生物资源宝库”“中国南海北部活的自然博物馆”。

截至目前，保护区已发现栖息有各种海洋生物1308种，涵盖多种珍稀濒危保护动物，其中，最受各界瞩目的就是小型鲸豚。发现的国家一级、二级保护水生野生动物有中华白海豚、鹦鹉螺、红珊瑚、海龟、黄唇鱼、克氏海马等20多种；60多种世界濒危鸟类，国际保护的珍贵候鸟也常年寻食于该区海域。保护区除盛产鱿鱼、龙虾、石斑鱼、鲳鱼、白藤香鱼、竹叶巴浪等之外，还产紫菜和贝类，为南澳县主要渔场之一。

辽宁大连斑海豹自然保护区

辽宁大连斑海豹自然保护区位于辽东半岛南端的大连市西部渤海辽东湾海域，由5～40米深的海域水面和几十个大小岛屿组成，有岩石性海岸和海底岩礁。其是以国家一级保护水生野生动物——斑海豹及其生境为主要保护对象的海洋类型保护区，是斑海豹跨海洄游路线上的重要位置之一，总面积11700公顷。自然保护区内生物资源丰富，鱼类有1130余种，经济甲壳类5种，头足类3种，贝类10余种。除斑海豹外，还栖息有小鳁鲸、虎鲸、伪虎鲸、宽吻海豚、真海豚、江豚等国家重点保护水生野生动物，并分布有沿海岸滩涂植物、浅海植物及北温带海岛植物。

辽宁双台河口湿地

双台河口湿地位于渤海北部的辽河入海口处，总面积约22.3万公顷，是世界上生态系统保存完整的湿地之一，也是东亚－澳大利西亚水禽迁徙的中转站，在国际湿地和生物多样性研究与保护中占有重要地位。湿地中动植物资源十分丰富，有鱼类45种、鸟类250多种。鸟类中有国家重点保护野生鸟类一级4种，二级27种，最为珍贵的当属黑嘴鸥、黑脸琵鹭等世界濒危鸟类。主要植物有盐地碱蓬、芦苇等，其中，盐地碱蓬嫣红似火，被人美誉为“红地毯”植物；芦苇更是享誉中外，这里被称为“世界第一大苇田”。

江苏盐城沿海滩涂湿地

江苏盐城沿海滩涂湿地地处江淮平原582千米的海岸线上，总面积52.15万公顷。广阔的淤泥质潮滩形成了中国沿海最大的一块滩涂湿地，孕育着大量的生物，保证了数百万计水禽的迁徙。该湿地不仅是濒危物种丹顶鹤的重要越冬地，还是我国现存两个最大的河麂种群栖息地之一。

盐城国家级自然保护区就建在此处，拥有河、海、滩、岛、泉、林、沙洲等自然资源，生物多样性丰富。植物资源主要有芦苇、白茅、罗布麻、水飞蓟、大米草等；动物资源有对虾、梭子蟹、文蛤、泥螺、竹蛏、海蔘、黄鱼、鳗鱼以及野鸡、野兔、獐、丹顶鹤、黑嘴鸥等。独特的自然地理特色已使其成为生物繁衍和栖息的天然良好场所。

江苏大丰麋鹿国家级自然保护区

江苏大丰麋鹿国家级自然保护区位于黄海之滨，是世界上占地面积最大的麋鹿自然保护区，拥有世界最大的野生麋鹿种群，建立了世界最大的麋鹿基因库。

保护区总面积7.8万公顷，境内拥有大面积的滩涂、沼泽、盐碱地，动植物资源极其丰富，有兽类14种，鸟类182种，爬行两栖类27种，昆虫299种。其中，国家一级保护野生动物有麋鹿、白鹳、白尾海雕、丹顶鹤，二级有河麂等23种。另外，保护区有高等植物240多种，主要为禾本科、菊科、莎草科、豆科、藜科植物。植被为盐生草甸、盐土沼泽、水生植被。

广西山口红树林国家级自然保护区

广西山口红树林国家级自然保护区，坐落在广西合浦县沙田半岛东西两侧，海岸线长40.9千米，面积8000公顷，其中，海域面积4970.5公顷，陆域面积3029.5公顷，为海洋和海岸生态系统类型保护区，主要保护对象为红树林生态系统。

保护区内有红树植物15种，大型底栖动物170种，鸟类164种，鱼类82种，昆虫258种，贝类90种，虾蟹类61种，浮游动物26种，其他动物16种，底栖硅藻158种，浮游植物96种。作为迁徙驿站和重要的补给基地，每年迁徙季节，大量候鸟在保护区内停歇或作短期居留，为全球黑脸琵鹭种群超过1%的个体和总量达2万只以上的各种水禽提供旅居场地。

广西北仑河口红树林保护区

北仑河口红树林保护区位于广西壮族自治区北部湾，拥有河口海岸与开阔海岸。由于地理位置特殊，其动植物种类组成和群落结构随海岸类型变化而呈多样化的特征，在遗传多样性、物种多样性和生态系统多样性等方面具有我国其他海区不可代替的作用。

保护区总面积为3000公顷，区内天然植被主要为红树林，是我国红树林分布相对集中的地区之一，红树林面积达1274公顷。湿地内有红树林植物群落

12种、植物15种，大型底栖动物94属124种，有记录的鸟类共187种，其中，30种为国家重点保护野生鸟类。保护区内有多条河流汇入，流域总面积约为1672平方千米，是候鸟迁徙，海洋生物觅食、繁殖和栖息的重要场所，对维护中越两国相邻海区的生态平衡和生物多样性有重要意义。

福建漳江口红树林国家级自然保护区

福建漳江口红树林国家级自然保护区位于福建省漳州市云霄县漳江入海口，是中国北回归线北侧种类最多、生长最好的红树林天然群落，为福建省最重要的湿地生态系统类型国家级自然保护区。

保护区总面积2360公顷，植被类型主要以红树林、滨海盐沼植被、滨海沙生植物被3个植被型为主。野生动物资源丰富，已查明潮间带底栖动物28种；潮下带底栖生物181种。海区浮游植物201种；野生脊椎动物共218种（不含鱼类）。列入国家一级保护的物种有中华白海豚和蟒蛇2种，国家二级保护物种19种。保护区鸟类中有众多双边国际性协定保护的候鸟，其中，中国及日本两国政府协定保护的候鸟77种，中国及澳大利亚两国政府协定保护的候鸟41种。

山东黄河三角洲湿地国家级自然保护区

黄河三角洲湿地国家级自然保护区位于山东省东营市，以垦利县宁海为轴点，北起套尔河口，南至淄脉河口，向东撒开呈扇状地形，保护的是世界少有的河口湿地生态系统。保护区面积达5.3万公顷，截至2021年，区内记录野生动物1630种，其中，鸟类371种。保护区拥有丹顶鹤、白头鹤等国家一级保护野生鸟类12种，灰鹤、大天鹅等国家二级保护野生鸟类51种，是东北亚内陆和环西太平洋鸟类迁徙重要的中转站、越冬栖息地和繁殖地，被国内外专家形象地誉为“鸟类的国际机场”。在植物资源方面，保护区内共有植物685种。芦苇集中分布面积达40万亩，国家二级保护野生植物野大豆集中分布面积达6.5万亩。区内自然植被覆盖率达55.1%，黄河三角洲湿地国家级自然保护区是中国沿海最大的新生湿地自然植被区。

香港米埔–后海湾湿地

香港米埔–后海湾湿地位于香港新界北部深圳河河口地区，是中国南方典型的河口红树林滩涂湿地生态系统，拥有香港地区最大的红树林湿地，也是中国第六大红树林自然保护区。

保护区总面积1500公顷，区内高等植物约190种、鱼类约40种、鸟类约280种。滩涂底栖动物共记录有80多种，这些丰富的滩涂底栖动物为数以千计的水鸟提供了丰富食物。全球30%的水鸟种群在此栖息越冬。由世界自然基金会管理的米埔自然保护区培训中心已成为亚太地区重要的湿地公众教育基地。

（执笔人：于保华、刘家沂、杨潇）

情感寄托——承载文化与乡愁的滨海湿地

湿地独特的地域优势，孕育了湿地独特的魅力，也是大自然给予人类的丰厚馈赠。最早的人类群居生活就是从“择水而居”开始的，湿地为人类提供了天然的食物和庇护。智慧的先辈们也渐渐熟悉了湿地的奥妙，开始逐步将衣食住行都与湿地更多地关联，并把这些大自然的馈赠打造成了自己的宜居家园与丰厚粮仓。悠久的湿地，穿过岁月的长河，沉淀深深的历史底蕴。而滨海湿地孕育的不只是多样的生物物种，更是这片土地的饮食、民俗、文化、风情和乡愁。

我国的滨海湿地不仅具有丰富的自然禀赋，而且已经深深地融入了沿海人民的生产实践之中，是人类重要的资源库和抵御海洋灾害的屏障，为人类提供了丰富的资源和生态发展可行性。一曲《外婆的澎湖湾》传唱大江南北，“阳光、沙滩、海浪、仙人掌……”成为中华民族几代人对海洋的向往，寄托了海峡两岸人民对童年和故乡的无限思念。

目前，全国约有44.52%的人口生活在沿海100千米范围内，人口在250万以上的城市中有2/3位于海岸带附近，大量的港口、航道资源和机场分布在滨海湿地附近，直接改变了原有的生态系统类型，而滨海湿地可以有效缓解这些影响，起到生态补偿的作用。因此，滨海湿地保护是维持区域社会经济发展，实现人与自然和谐共生的重要保障。

中国的滨海湿地不仅拥有一支优质的国际代表团队，还有一批有潜质的预备役团队，有望陆续进入《国际重要

人物山水纹蚌雕刻摆件（曾江宁/摄，原件藏于宁波港口博物馆）

湿地名录》，如上海九段沙、海南东方黑脸琵鹭省级自然保护区、清澜红树林、台湾淡水河口湿地等。千百年来，这批湿地伴随着人海关系的发展，形成了多种多样的鲜明文化特征，涵盖了音乐、艺术、文学等方面，以其特有的美学、教育、文化和精神等功能，记录了大量自然、生命的变迁和人类的文明，留下了大量的湿地文化遗产和古迹文物，不断丰富着我国的海洋文化，成为中华文化的重要组成部分。“水清滩净，岸绿湾美，鱼鸥翔集，人海和谐”的滨海湿地，有的不只是美景，也有人民群众身边的优质生态产品，更有建设美丽中国、赓续中华文明的重要实践。滨海生态文化正在成为中华民族文化自信的源泉之一，是实现人海和谐关系的重要基础和主要手段。

鸟的王国和上海最后的处女地——上海九段沙湿地国家级自然保护区

上海九段沙湿地国家级自然保护区（以下简称九段沙湿地）位于长江口外南北槽之间的拦门沙河段，东西长46.3千米、南北宽25.9千米。这片完全原生态的湿地，就在长江河口和东海交汇处。经过近20年的保护，九段沙湿地已成为上海浦东乃至长江三角洲地区一张亮丽的生态名片，被称为上海最后的“处女地”，是长江三角洲地区重要的生态屏障。波光粼粼的海面，成群飞过的候鸟，一眼望不到边的芦苇荡，随风飞扬的白色芦苇花，美景尽收眼底。保护区主要保护对象为稀缺的动植物及其湿地环境。由于该区域位于东亚-澳大利西亚候鸟迁徙路线上，每年秋冬季节都会有大量候鸟在此停歇、觅食。根据统计，九段沙湿地的鸟类共有210种，有125种（59.5%）

被列入中日候鸟保护协定，有52种（24.8%）被列入中澳候鸟保护协定，有16种（7.6%）被列入《世界自然保护联盟红色名录》。这里是名副其实的“鸟的王国”。九段沙湿地内共有高等植物17种，均为被子植物；共记录藻类植物118种及变种，浮游动物110种（占长江河口湿地中的大型与小型底栖动物的98%），鱼类128种。纵使一江之外瞬息万变，上海“最后的处女地”——九段沙却依旧保持着素颜的模样，和它的守护者一起，默默地守护着这座城市。

黑面舞者的家园——海南东方黑脸琵鹭省级自然保护区

海南东方黑脸琵鹭省级自然保护区位于海南省东方市四更镇境内，总面积2.14万亩，其中，核心区6150亩，包括红树林3750亩，属野生动物类型自然保护区，主要保护对象为全球濒危鸟类黑脸琵鹭。黑脸琵鹭到保护区越冬的最高纪录达113只。黑脸琵鹭姿态优雅，有“黑面天使”或“黑面舞者”之美誉，是鸟类中的大熊猫。保护区内，黑脸琵鹭、其他多样的生物与蓝天、白云、沙滩浑然天成，构成唯美画卷。

2020年6月，位于东方黑脸琵鹭省级自然保护区的四必湾湿地被国家林业和草原局列入《2020年国家重要湿地名录》。四必湾拥有保护完好、历史久远的3150亩乡土红树林白骨壤景观，是海南省最大的黑脸琵鹭越冬栖息地，是人与自然和谐共生的生态净地。早年间，湿地周边的四必村、四而村村民长期出入四必湾，或赶海、或养殖，对红树林湿地造成一定影响。2014年，东方市启动万亩红树林修复工程，大力推动退塘还林和四必村的经济转型，逐步构筑出人与自然和谐的生态环境。如今，四必湾湿地公园已经成为东方市积极推进文化产业和旅游品牌融合发展的重要景点。夏日，走近湿地，可以看到潜底的鱼虾、萋萋芳草以及岸边茂密的红树林……阳光、沙滩、海韵、红树林、椰林共同构成亮丽风景线。冬季，湿地滩涂上、丛林里，候鸟成群结队，或嬉戏觅食、或悠然休憩、或翩翩起舞，天空中，“一行白鹭上青天”“落霞与鹭鸟齐飞”成为常态，邂逅美丽黑面舞者颇让当地村民引以为傲。东方黑脸琵鹭省级自然保护区与台湾曾文溪口湿地、香港米埔湿地、澳门路氹城湿地，均已成为黑面天使在中国的重要越冬地。

革命群众心中的“青纱帐”——海南清澜红树林省级自然保护区

坐落在海南东部第一大港——清澜港附近的海南清澜红树林省级自然保护区，位于海南省文昌市文昌河、文教河和横山河等八条大小河流入清澜港北侧汇合处，总面积为2914.6公顷。保护区内红树林物种繁多，占全世界81种红树物种的40%，是我国红树物种最多的地方，也是海南面积最大、红树植物组成最多样、结构最复杂的红树林自然保护区。这里有“海上森林公园”之美称，分布着世界上海拔最低的森林。

文昌河岸、清澜港畔，红树林接连成片，自古以来，沿岸居民与红树林和谐相处，传承着不准任何人砍伐破坏红树的祖训和传统。保护区内有高达20多米的海桑和其他众多的红树，挺立在海中，挡风挡雨挡海潮。战争年代，清澜港红树林是琼崖纵队战士和革命群众心目中的“青纱帐”，既是开展敌后游击战争的绝好场所，也是琼崖纵队战士隐藏、修整的天然根据地，甚至曾是琼崖纵队多级指挥部的选址地，隐藏着琼崖纵队的医院、仓库、交通站、电台与报社。如今，战争硝烟早已褪去，千姿百态的清澜港红树林已经成为新时期文昌高质量发展的重要依托。村民们逐海而居，踏着夜色赶海，顶着晨雾收获，恬淡而闲适，妥当而安稳。清澜港年轻一代不仅比上一代更具红树林的保护意识，还知道如何在保护中充分开发、利用红树林资源，他们对未来有着更美好的希望和憧憬。

台湾民众乡愁的寄托——台湾淡水河口湿地

一个淡水镇，半部台湾史，位于台湾西北隅的淡水河被誉为台湾北部的母亲河。淡水河口湿地位于台北淡水镇境内，距离淡水河出海口约5千米，面积为76.10公顷，为典型的河口生态系统。这里的植物以当地称为“水笔仔”的一种红树林植物——秋茄为主，其分布面积占全区总面积的53%；其他植物则可分为苦林盘型、芦苇型、白茅型与盐地鼠尾粟型4种，共有11科21种维管束植物，其中大部分为专属海边盐地或潮间带生长的植物。淡水河入海和每日的涨潮落潮给河口湿地带来了丰沛的鱼虾，这里也成了水鸟们觅食的好地方。根据调查记录，该区域留鸟、候鸟多达63种以上。堤岸边的潮间带以弧边招潮蟹分布最多，也有弹涂鱼等。湿地周围那一块块整齐的稻田，一条条灌溉引水渠道，纵横交错，展示出一幅秀丽恬静的田园画面。

淡水镇物产丰饶，有着较发达的农业文明。靠海的渔民祈天讨食，虽然命运多流离，而天性乐观且勇敢。数百年来，淡水镇接纳了一波波汹涌澎湃的历史风潮，演绎了一出出撼人心魄的历史事件。红毛城的由来、神奇的福佑宫、威武的沪尾炮台，这些富有传奇色彩的故事，直到今天，依然保留着弥足珍贵的痕迹。淡水河则已成为台湾民众乡愁的寄托，更令人联想起余光中先生的《乡愁》。

（执笔人：于保华、刘家沂、杨潇、曾江宁）

震荡变化——滨海湿地的发展之路

滨海湿地在地貌单元上通常处于对气候变化响应最为敏感、经济发展最快和人类活动最强烈的地带。中国的滨海湿地面积为579.59万公顷，占全国湿地总面积的10.85%，在实现社会经济可持续发展、维护海岸带国土及生物多样性安全、推动“一带一路”的国际合作等方面具有重要地位。但是近年来，随着社会经济的快速发展，我国的滨海湿地利用和发展经历了一段跌宕起伏的发展之路。

历史上——不断沦陷，滨海湿地面积岌岌可危

夜晚从卫星影像上看，我国最亮的地带当属海岸带，从北到南蜿蜒1.8万多千米，犹如一条优美的“S”形曲线。但是，随着社会经济和人口的增加，对土地资源需求也相应增加，不断向海要地导致我国滨海湿地面积岌岌可危，近海生态环境和资源遭到严重破坏，出现自然岸线及沿海滩涂湿地面积缩减、生物栖息地丧失、生态系统功能受损等现象。

相关研究表明，在过去的50年内，我国已经损失

了53%的温带滨海湿地、73%的红树林和80%的珊瑚礁。自20世纪40年代以来，我国自然岸线大幅度减少，从最初的占比74%，降至2016年的33%，取而代之的是围垦、填海筑起的人工“海上长城”，例如，上海和江苏丁坝突堤、港口码头以及养殖围堤的长度持续增加。滨海湿地的丧失，对我国生态环境保护和社会发展构成极大威胁。近60年来，由于全球气候变化和人类活动（如城市化、填海、采砂），世界各地的滨海湿地正面临面积缩小、荒漠化和盐碱化、河流流量减少、生物多样性降低和生态系统功能退化等问题（图1）。

滨海湿地地理位置特殊，不仅受海陆河相互作用的影响，而且还受自然因素和人类活动的影响。人类活动是滨海湿地面积岌岌可危的主要原因，主要体现在围垦和城镇化建设等方面。中华人民共和国成立以来，我国先后进行了多次大规模的围（填）海活动，滨海湿地面积以惊人的速度被快速蚕食，大规模的围海填海、港口建设、码头建设还在继续。特别是近10多年来，围海填海几乎达到了白热化程度，凡是被列为海港经济区规划必定包括填海。在20世纪50年代，人类活动主要以围海晒盐为主，从辽东半岛到海南岛，我国沿海11个省（自治区、直辖市）均有盐场分布；从60年代中期至70年代，人类活动从围垦滩涂扩展至农业用地，围垦的方向从单一的高潮带滩涂扩展到中低潮滩；进入21世纪以来，沿海地区经济社会持续快速发展的势头不减，城市化、工业化和人口集聚趋势进一步加快，土地资源不足和用地矛盾突出已成为制约经济发展的关键因素。在这一背景下，沿海地区掀起了大

图1　海岸线变化（改自Titus et al.，2009；杨姚/绘）

规模围（填）海造地热潮，其主要目的是建设工业开发区、滨海旅游区、新城镇和大型基础设施，缓解城镇用地紧张和招商引资发展用地不足的矛盾，同时实现耕地占补平衡。国家海洋局《海域使用管理公报》显示，近年来全国每年的填海量都在1万平方千米左右，自2002年《中华人民共和国海域使用管理法》实施至2013年年底，我国累计确权围填海面积达到12.5平方千米。

海岸侵蚀和海水入侵导致滨海湿地植被消失，生态功能退化（赵明亮/摄）

另外，滨海湿地还受海洋动力作用、入海水沙作用以及海平面上升的影响。有研究表明，我国约有70%的砂质海岸和大部分处于开阔水域的泥质潮滩和珊瑚礁海岸均遭受到侵蚀。砂质海岸侵蚀速率为1~2米/年，个别地区侵蚀速度更快；近50年来，我国沿海海平面平均以每年1~3毫米的速率上升，并且由于温室气体的排放，海平面上升速度正在加快，滨海湿地功能受到威胁，海平面上升导致世界上多达22%的滨海湿地丧失。更为严重的是，如果加上人类活动造成的损失，到2080年，世界上70%的滨海湿地可能会不复存在。

现阶段——保护修复，滨海湿地面积逐步恢复

“守护最美滨海湿地，共筑中国生态梦”。2022年是中国加入《湿地公约》30周年，该公约是湿地保护和合理利用的国际条约。从高山之巅到大海之滨，从改善生态到惠益民生，一个负责任大国，正在全面保护滨海湿地，积极履行公约义务。

滨海湿地保护只能加强、不能削弱。自加入《湿地公约》以来，中国一直在促进湿地保护和恢复。国家湿地保护计划已经实施了20年，我国在湿地保护修复制度建设、工程实施及滨海湿地保护体系健全等方面，做了大量工作，投资超过30亿美元，建立了602个湿地自然保护区，正式保护了52.7%的湿地总面积。据国家海洋局相关统计，近几年来，我国推进实施“蓝色海湾”整治工程、“南红北柳”生态工程和“生态岛礁”修复工程，支持沿海各地累计修复岸线190多千米，修复海岸带面积6500多公顷，修复沙滩面积1200多公顷，为社会公众提供生态福祉。

同时，我国建立海洋生态红线制度，将全国30%以上的管理海域和35%以上的大陆海岸线纳入红线管控范围。降低渤海开发强度，暂停受理围填海项目、暂停审批区域用海规划、暂停安排年度围填海指标、暂停选划临时性倾倒区。新建2个国家级海洋自然保护区和59个国家

种植柽柳用于修复工程（赵明亮/摄）

海洋特别保护区，建成的海洋自然保护区面积占管辖海域面积比重从2012年的1.12%提升到4.13%。我国正以习近平生态文明思想为指引，把湿地保护作为事关生态文明和美丽中国建设的战略任务抓好落实，充分发挥湿地的多重功能，维护沿海地区生态安全。

放眼长远——生态优先，滨海湿地未来可期

“万物各得其和以生，各得其养以成。”滨海湿地（含沿海滩涂、河口、浅海、红树林、珊瑚礁等）是近海生物重要栖息繁殖地和鸟类迁徙中转站，是珍贵的湿地资源，具有重要的生态功能。目前，我国滨海湿地的保护力度是整体湿地保护中最薄弱的环节，保护率仅为24%。党的十八大以来，以习近平同志为核心的党中央高度重视湿地保护和修复工作，把湿地保护作为生态文明建设的重要内容，作出一系列强化保护修复、加强制度建设的决策部署。2018年7月，国务院下发《关于加强滨海湿地保护严格管控围填海的通知》，明确要严控新增围（填）海造地，加快处理围（填）海历史遗留问题，加强海洋生态保护修复，建立滨海湿地保护和围（填）海管控长效机制。《中华人民共和国湿地保护法》于2022年6月1日起正式施行，这是中国首次专门针对湿地生态系统进行的立法保护，将引领湿地保护工作全面进入法治化轨道。

开展滨海湿地保护与开发管理工作，需坚持生态优先、自然恢复为主，以分类管理、合理利用、协调发展为基本原则。一是要加强重要自然滨海湿地保护。各级海洋部门要把加强重要自然滨海湿地保护、扩大湿地保护面积

作为当前滨海湿地管理与保护工作的首要任务；通过建立海洋自然保护区、海洋特别保护区（海洋公园）等形式，将当前亟须保护的重要滨海湿地纳入保护范围，实行严格有效的保护。二是开展受损滨海湿地生态系统恢复或修复。各级海洋部门要坚持自然恢复为主，且与人工修复相结合的方式，对集中连片、破碎化严重、功能退化的自然湿地进行恢复或修复和综合治理；坚持陆海统筹、河海兼顾，实施入海污染物总量控制；加强流域综合整治和沿海城镇截污、治污力度，通过源头控制改善滨海湿地环境质量；结合“蓝色海湾”综合治理、“南红北柳”湿地修复等重大工程，逐步恢复或改善滨海湿地生态系统的结构和功能，维持湿地生态系统健康。

科研工作者对滨海湿地“水、土、气、生”进行调查，为滨海湿地修复提供科研数据（魏思羽/摄）

滨海盐沼湿地（李丹/摄）

在保证滨海湿地生态系统健康的前提下，我国已因地制宜地发展旅游文化业，带动绿色生态经济发展，打造资源保护与经济建设和谐发展的示范点，塑造滨海绿化景观带，建设生态和谐、环境宜居的绿色海岸风景带。

（执笔人：于冬雪、王晓杰、韩广轩）

碳元素，这个令现代社会痛并快乐着的元素，一方面被认为是破坏环境的罪魁祸首，另一方面又是地球上所有生命的物质基础。碳如何在陆地与海洋两大生态系统交汇的空间和食物网中迁移变身？滨海湿地中的其他化学物质又如何在生命与非生命中游走和转化？本篇从生态系统支撑物质生物地球化学循环的角度，描述了滩涂湿地、珊瑚礁湿地中碳、氮、磷等生命元素的循环，分析了驱动海岸带物质循环的外界因素，通过潮汐树、湿地精灵、生物构筑物等含有生命色彩的语言，启迪读者对物质与生命、人与生物圈更多的思考。

陆海相连共发展
——物质循环

陆海拉链——滨海湿地

自然工坊——滨海湿地中的生物地球化学循环

活跃的多界面物质交换

滨海湿地作为介于陆地和海洋生态系统之间复杂的自然综合体，是陆海作用下形成的自然工坊，活跃于水圈、土壤圈、大气圈和生物圈。滨海湿地能够通过生物地球化学过程促进氧、碳、氮、硫、磷等关键元素的循环，是最具服务价值的湿地生态系统之一，对保护海洋、维持地球良好的生态环境具有重要的意义（图2）。

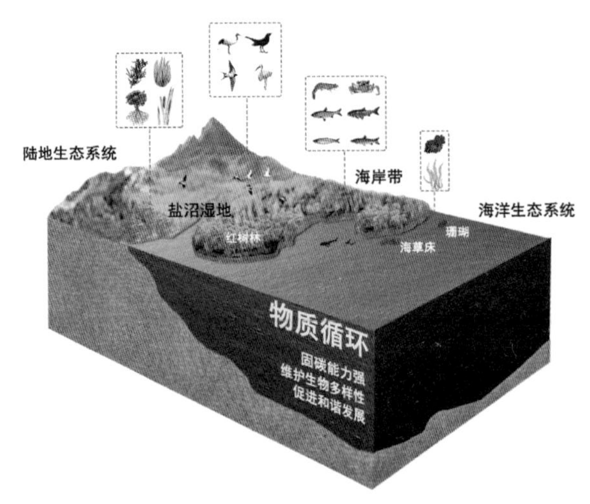

图2　滨海湿地物质交换（杨姚/绘）

滨海湿地具有独特的水文过程，这会影响植被生长及生态环境。例如，滨海湿地通过降雨、地表径流、地下水、潮流、河流与洪水等进行能量和营养物交换。水深、水流形式、淹没程度和洪水频率等都是水文输入和输出的结果，是土壤的生物化学特性和湿地最终生物种类选择的主要影响因素。从微生物到植被和水禽都受水文的控制和影响，当水文状况每年保持相似的情况下，湿地将会长期维持其生态结构和完整的功能；当水文状况不断变化时，则形成不同的湿地类型，进而促进湿地类型的功能和结构的多样化。

滨海湿地是缓解全球变暖的有效蓝色碳汇——“蓝碳（blue carbon）”。“蓝碳”是利用海洋活动及海洋生物吸收大气中的二氧化碳，并将其固定、储存在海洋中的过程、活动和机制。“蓝碳”是地球上最密集的碳汇之一，比森林生态系统高40倍左右。究其原因，一方面，滨海湿地植被群落光合固碳、凋落物及根系分泌物等碳输入量极大；另一方面，滨海湿地长期处于厌氧状态导致土壤有机质分解缓慢。同时，周期性潮汐携带大量的硫酸根离子SO_4^{2-}，阻碍甲烷产生，从而降低滨海湿地甲烷的产生和排放。另外，有模型模拟表明，气候变暖和海平面上升可能使得盐沼湿地能够更迅速捕获和埋藏大气中的碳，因此盐沼湿地碳汇功能在减缓全球气候变化和实现“碳达峰”“碳中和”目标方面扮演着重要角色。

“潮汐树”是滨海湿地中重要的物质循环通道。它虽名为树，但其实它并非某种植物，而是发育在潮滩上的一道道潮沟，是一种典型的沉积地貌，由潮汐作用往复冲刷而形成。当我们从天空中俯瞰潮滩时就会发现，一条条潮沟犹如生长在潮滩上的参天大树，其主干朝向大海，枝杈朝向陆地，故被称为“潮汐树”。潮汐作用的往复，为鸟类带来了丰富的食物；同时，地表水－地下水交换作用对滨海湿地土壤水盐运移和营养盐循环也产生了影响，改变了潮间带的植物分布。

物质迁移的生物载体

“蓝风吹皱碧水晶，翩翩鸟翼携鱼行”，滨海湿地拥有成千盈百的动植物资源，为海岸带增添了无限生机。滨海湿地是众多动植物物种扩散、迁移和交换的场所，具有丰富的遗传多样性、物种多样性、生态系统多样性以及景观多样性，对全球生物多样性的维持起着重要作用。滨海湿地的柽柳、海草床、芦苇、盐地碱蓬和红树林勾勒出如诗

分布在滨海湿地中的“潮汐树”，成为陆海连通的物质通道（韩广轩/摄）

如画的旖旎风光吸引着来自全国各地的游客。但鲜为人知的是，这些典型植被也为我国沿海抵御风暴潮、海岸侵蚀、海水入侵等海洋灾害和应对全球气候变化所带来的海平面上升和极端天气提供了天然屏障，是海洋防灾减灾的“海岸卫士”。

滨海湿地在全球尺度养分和碳循环上扮演着重要的角色，不仅是养分物质的源和汇，而且是重要的碳汇。湿地植物作为滨海湿地的重要组成部分，对其叶片元素含量的研究有助于认识滨海湿地生态系统的养分和碳循环。有学者对滨海湿地植物碳、氮、磷含量的全球格局及其决定因素进行了分析，并与陆地生态系统已有植物格局进行了比较。研究发现，滨海湿地植物碳、氮、磷化学计量特征具有明显的纬度梯度格局，但其格局比陆地生态系统弱。而且，研究还发现不同类型滨海湿地（盐沼和红树林）植物碳、氮、磷化学计量特征存在较大差异。对于植物化学元素的分析，可以让我们更好地了解滨海湿地的物质循环。

滨海湿地是海洋鱼类不可或缺的繁殖地，绝大多数鱼类要在滨海湿地完成产卵、育幼、索饵，成年后再洄游到近海，补充到近海的渔业资源中；一部分定居性鱼类则在滨海湿地完成它们的整个生活史；同时，滨海湿地也是鱼类重要的庇护所，与宽阔的海域相比，滨海湿地生态系统多样，为鱼类的仔鱼和幼鱼提供了逃避敌害的场所。滨海湿地保护了水生动物的生物多样性，因此也被人们称为“物种基因库”。滨海湿地丰富的鱼类资源是海洋生物地球化学循环的重要组成部分。因为鱼类的排泄物可能会沉降或者被带到水下数千米的地方，而且这些排泄物能够抵抗水中的分解，可将碳固锁在深海600年之久。但气候变化、污染和商业捕捞导致鱼类减少，可能会打破这微妙的平衡。

物质循环的重要参与者

滨海湿地不仅是众多水生动植物的家园，对“湿地精灵”——鸟类的繁育和生存也尤为重要。北京师范大学教授、中国动物学会副理事长张正旺教授说：“滨海湿地是鸟类适宜的栖息地、候鸟的越冬地和长途迁徙的‘加油站’。”滨海湿地复杂多样的生态环境，为各种鸟类提供了良好的隐蔽和栖息条件，同时丰富的鱼、虾、蟹、贝类等资源，又为鸟类提供了充足的食物，使滨海湿地成为鸟类理想的繁育场所。环颈鸻、反嘴鹬、鸥嘴噪鸥等都选在滨海湿地完成产卵、孵化、育幼和觅食。在全球9条候鸟迁徙路线中，有3条经过我国，迁徙的候鸟中至少有27种全球濒危物种，其中，以我国滨海湿地为主要栖息地的达24种。

鸟类在滨海湿地中扮演着不可替代的角色，发挥着极其重要的作用。首先，鸟类作为生态系统的重要成员，担负着输送种子及营养物，参与系统内能量流动和无机物质循环，维持生态系统稳定的职责。当候鸟飞行和迁徙在滨海湿地上空时，会通过粪便将种子散播出去，帮助我们塑造新的植物环境。其次，鸟类还维持着食物网之间的平衡。例如，在美国东南部的海岸带盐沼，茂密的大米草不仅可以净化水域，而且还保护海岸线免受海水的侵蚀。盐沼海螺作为一种食草动物，喜欢以大米草为食，如果没有海鸟这些捕食者，海螺可能会吃掉整个大米草，只留下光滩，这将会大大减少植物的光合作用和土壤中的碳储量，

“湿地精灵”翱翔天空（韩广轩/摄）

不利于生物地球化学循环。

另外，鸟类在传输营养物质，以及帮助珊瑚礁等海洋生态系统保持物种多样性方面发挥着关键的作用。在鸟类栖息地，海鸟的粪便年复一年沉积下来，经过海水的冲刷和浸泡，鸟粪中的营养物质为附近的珊瑚礁群落提供养分。一项研究表明，如果这一过程被打乱，会大大降低珊瑚礁群落的物种丰富度。在没有海鸟天敌的岛屿上，珊瑚礁得以蓬勃生长；而那些鸟类难以生存和繁衍的岛屿则相对要萧条得多。

滨海湿地是人类重要的资源库和抵御海洋灾害的屏障，为人类提供了丰富的资源和生态发展可行性。但在人地矛盾日益紧张的今天，多数人的目光不由瞄向弥足珍贵的海滨湿地。其中某一个环节遭受破坏，滨海湿地物质循

动荡的河口加速了物质生物地球化学循环（曾江宁/摄）

环可能就会改变，进而影响整个滨海湿地生态系统平衡，改变其结构和功能，导致滨海湿地退化。脚踏泥沙，眼望大海，海风照面，鱼鸟飞腾，是我们心之向往的滨海湿地，为此我们需要积聚力量保护它。

（执笔人：李雪、宋维民、韩广轩）

缓解全球变暖的『蓝碳』
——海岸带生态系统

每至盛夏和金秋，黄河三角洲和辽河三角洲的潮滩就会披上一条一望无际的“红地毯”，一直延展到广阔的大海中。极目远望，其态如锦、其焰似火，赤焰炫目，像火海、似朝霞，在不知不觉间染红了近半个中国。这片红色美景让驻足的游客忍不住赞叹起大自然的壮阔瑰丽和祖国的锦绣河山，但游客们在欣赏美景的同时也许并未察觉到，一场缓解全球变暖的“蓝碳”行动也正在这片红色潮滩上紧锣密鼓地进行着……

关于“蓝碳”

碳，我们并不陌生；由二氧化碳（CO_2）等温室气体大量排放引起的全球变暖也为我们所熟知。《自然工坊——滨海湿地中的生物地球化学循环》提出了“蓝碳”的概念。与绿色碳汇等其他碳汇相比，“蓝碳”具有固碳量大、效率高、储存时间长等特点。2009年，联合国环境规划署（UNEP）、联合国粮农组织（FAO）和政府间海洋学委员会/联合国教科文组织（IOC/UNESCO）联合发布了题为《Blue Carbon-The Role of Healthy

黄河三角洲的“红地毯”景观（韩广轩/摄）

Oceans in Binding Carbon》(《蓝碳——健康海洋在固碳中的作用》)的报告，明确指出了“蓝碳”在缓解全球气候变化中的关键作用，并将其定义为由滨海湿地生态系统所封存的碳，其中，又以红树林、盐沼和海草床三种生态系统类型为主。例如，“红地毯”景观，就是一种典型的盐沼生态系统类型。“蓝碳”概念一经提出，便受到了各国政府和科学家的高度重视。2010年，联合国和非政府组织提出了“蓝碳倡议”(Blue Carbon Initiative)，强调通过恢复和可持续利用海岸带资源来缓解全球气候变化。2018年，联合国气候变化大会第24次缔约方大会把“蓝碳”碳汇列为应对气候变化六大措施。我国在《中共中央国务院关于加快推进生态文明建设的意见》和《全国海洋主体功能区规划》等文件中都对发展“蓝碳”作出部署，并相继发起“21世纪海上丝绸之路蓝碳计划”“全球蓝碳十年倡议”，提倡充分发挥“蓝碳”的作用。

“蓝碳”缓解全球变暖

为什么“蓝碳”会受到广泛的关注？或者说，为什么科学家认为“蓝碳”生态系统能够在缓解全球变暖的过程中发挥关键作用？这些问题的答案都与“蓝碳”生态系统的特点和“蓝碳”的形成机制密切相关。首先，滨海湿地就像一个巨大的箱子，能够通过植物的光合作用等过程从大气中固定大量的CO_2，并将这些碳封存在植物体内和土壤当中，从而形成一个固碳力极高的体系。这种封存碳的速率甚至能达到陆地生态系统的10倍之多。此外，有科学家发现全球变暖引起的海平面上升可以增加海岸带生态系统向内陆延伸的面积，并促进沉积物和碳储量的垂直累积，从而使海岸带生态系统的碳汇能力增强；换言之，这个巨大的“蓝碳”箱子还能够不断地变大。同时，滨海湿地的土壤碳库很难达到饱和，其中封存的碳可以储存几百到上千年，完全可以成为缓解气候变化的长期解决方案。另外，在滨海湿地不断地“装进”碳的同时，有一部分碳也会因为植物和微生物的呼吸作用而被分解，从而变回CO_2返回到大气中，这是与陆地生态系统相同的碳损失过程。然而，在滨海湿地，受到周期性潮汐浸淹的影响，这些生态系统的土壤长期处于厌氧条件下，从而极大地降低了有机物的分解速率，使得封存在其中的碳能够被有效地保存。现在，我们可以在脑海中将滨海湿地描绘成一个又一个的“蓝碳”箱子，它们不停地吸收、固定着大

科研人员在对滨海湿地“蓝碳”进行监测（韩广轩/摄）

气中的CO_2，同时又有能力减小这些碳的损失，最终成为科学家眼中缓解全球变暖的利器。

保护“蓝碳”

我们期盼这些宝贵的“蓝碳”生态系统为我们的地球家园降温。事实上，一个健康的滨海湿地也确实能够积极地响应这种期待。但是，在全球气候变化和人类活动的双重影响下，这些脆弱的滨海湿地生态系统也可能会损失，甚至是完全丧失“蓝碳”功能。全球变暖是气候变化的主要表现之一，与此同时，全球降雨格局改变、大气氮沉降增加和海平面上升等一系列气候变化的连带效应也都会对

全球的生态系统产生极大的影响。更糟糕的是，越来越多的研究表明，这些变化正在以更加极端的形式影响着滨海湿地等生态系统。2021年，中国科学院黄河三角洲滨海湿地生态试验站的研究人员基于十余年的实地监测数据发现，极端降雨事件会使滨海湿地植被群落吸收CO_2的能力显著降低，甚至在一段时间内能使一个植被长势良好的滨海湿地生态系统从碳汇转变为碳源。如果说一个健康的滨海湿地生态系统能够在一定程度内对气候变化展现出抵抗力和恢复力，从而维持住自身的“蓝碳”功能，那么人类活动的影响则可能是毁灭性的。开垦、砍伐和焚烧等行为都能在极短时间内完全摧毁滨海湿地的植被群落；不合

理的养殖、施肥和生产活动也可能对滨海湿地的环境造成污染，从而使这些“蓝碳”生态系统中的动植物和微生物失去安身之所。这些外力不断地冲击着滨海湿地的“蓝碳”箱子。可以预见，如果我们再不加以保护，这些“蓝碳”箱子就可能会被完全摧毁，想要恢复如初可能要花费几十年甚至上百年的时间！

滨海湿地，安静地倚靠在全球大陆的海岸线上，人们在欣赏它们的美丽的同时，也应该意识到保护这些“蓝碳”生态系统的重要性。据估算，加强全球滨海湿地的保护和修复每年能够吸收、储存和减少32万～89万吨二氧化碳排放量。未来，如何更好地利用并保护滨海湿地、发挥好它们“全球变暖空调器”的作用，迫切需要更多的研究去探索，也亟待我们每个人去关注。

（执笔人：魏思羽、韩广轩）

黄河三角洲滨海湿地（韩广轩/摄）

『不起眼』的碳库——淤泥质海滩

海边的一片绿洲

说起绿洲，很多人都会联想到寸草不生的沙漠中由于地下河流的经过存在着一片绿色丛生、绿树成荫，一派生机勃勃的现象，给沙漠中的人和生物带来希望。而在陆地生态系统和海洋生态系统交错过渡的地带也存在着一片生机勃勃的绿洲。那么，海边的这片绿洲是怎么形成的呢？

在海边，陆地河流带来的数以亿吨计的淤泥或粉砂随着海拔降低而逐渐堆积在这里，形成了坡度较缓的淤泥质海滩，主要由平均为0.01～0.001毫米的细颗粒组成。河流是淤泥质海滩的生命源，海洋潮汐和波浪系统是塑造淤泥质海滩的主要动力。根据潮汐过程中海水能到达的位置将淤泥质海滩分为5种：①不受潮汐影响的潮上带海滩（平均大潮高潮线以上的淤泥质沉积地带）；②只有在大潮时才被海水淹没的高潮区（高潮区地势最高，离海最远）；③小潮高潮线和小潮低潮线之间的潮间带地区（典型潮间带）；④只有在大潮落潮的短时间内露出水面的低潮区（低潮区地势最低，离海最近）；⑤一直受潮汐影响的潮下带海滩（平均低潮线以下的浅水区泥砂质沉积地带，长期被海水浸没）。一般来说，有水的地方就有植物，周而复始的潮汐运动，再加上从陆地河流运移过来的丰富有机质，使得淤泥质海滩逐渐生长了盐沼植物、红树林植物和海草床植物，植物的生长发育和演替逐渐构成了海边的一片绿洲（图3）。

海边绿洲不仅分布在淤泥质海滩地势平坦的位置，在潮汐冲刷形成的纵横交错的潮水沟中也有。在潮汐进出淤泥质海滩的过程中，强潮流冲刷着海岸和滩面，形成潮水沟，而弱潮流沉积下来的泥沙使得淤泥质海滩地势加高加宽。因此，潮滩上随着距离潮水沟远近发生变化的植物群落反映了潮水沟时间序列上的演替过程。

潮水沟的存在使得涨潮时海水首先通过这些潮水沟向岸上流动，落潮时潮水沟里的海水最后流干，因而科研人员在淤泥质潮滩进行野外采样和考察时要时刻注意生命安

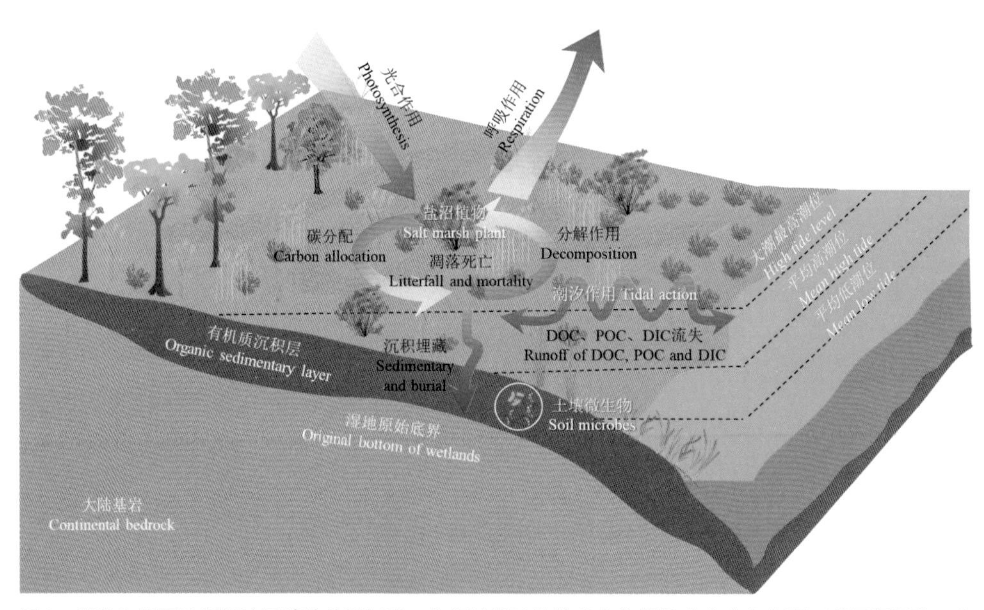

图3　潮汐作用下盐沼湿地固碳的关键过程，包括盐沼植物的光合作用及光合产物分配、碳沉积埋藏、土壤碳矿化分解、DOC/POC/DIC流失等（韩广轩/绘）

淤泥质海滩潮沟（李丹/摄）

全，不仅要在潮水上涨的过程中迅速从潮滩中撤离出来，而且还要在跨越潮水沟时进行准确判断，否则就有陷入淤泥遭到灭顶之灾的危险。科研人员在淤泥质海滩上进行野外作业时，行走在淤泥质海滩上本就举步维艰，但同时还需要携带做实验的器材以及为跨越潮水沟准备的船具，没有交通工具可以依靠，只能依靠自己的双手和肩膀，十分辛苦，获得的实验数据十分宝贵。

科研人员在淤泥质海滩进行野外调查（李新鸽/摄）

底栖动物的生活乐园

底栖动物（*benthos*）是指生活史全部或者大部分时间生活在水体底部的水生动物类群，是水生生态系统的一个重要组成部分，在通常的科学研究中，一般将不能通过0.5毫米孔径筛网的个体称为大型底栖动物（*macrobenthos*），主要由水栖寡毛类、软体动物、甲壳动物和水生昆虫及其幼虫等大型无脊椎动物组成；而一般意义上的底栖动物是指不能通过0.1毫米孔径网筛的个体。淤泥质海滩地貌的分化及潮沟系统的存在给生活在这里的底栖动物提供了较为多样化的生活环境，是维持底栖动物群落较高水平多样性的重要条件。例如，盐沼湿地能够保护底栖动物不被捕食，减弱水的运动强度，使底质更细，使幼体和食物集中在动物可利用的区域。而海草床增加了有机碎屑量，提供有机质来源；海草根能够稳定底质，从而有利穴居底栖动物的生存；海草植株能为底栖动物提供保护，提供隐蔽场所。因而，淤泥质海滩是底栖动物的生活乐园。

“蓝碳”的组成部分

我国的淤泥质海滩坦荡无垠，其主要分布在渤海的辽东湾、渤海湾、莱州湾及黄海的苏北平原海岸，坡降在0.5%左右。相对于其他陆地生态系统，滨海滩涂湿地由于具有较高的初级生产力、较低有机质分解速率及较高的物质埋藏速率，因而被称为是缓解全球变暖的重要“蓝碳”资源。尽管它在减缓全球变暖趋势上有重要作用，淤泥质海滩碳库的研究在科研领域仍然是不起眼的。滨海淤泥质海滩是各生态系统碳库水平较为特殊的类型，其土壤有机碳库作为湿地碳库系统的一部分，其演变过程既与土壤、植被及人类活动等要素有关，同时还受到海洋碳库所具备的水文潮汐系统以及沉积与埋藏条件的影响（图4）。

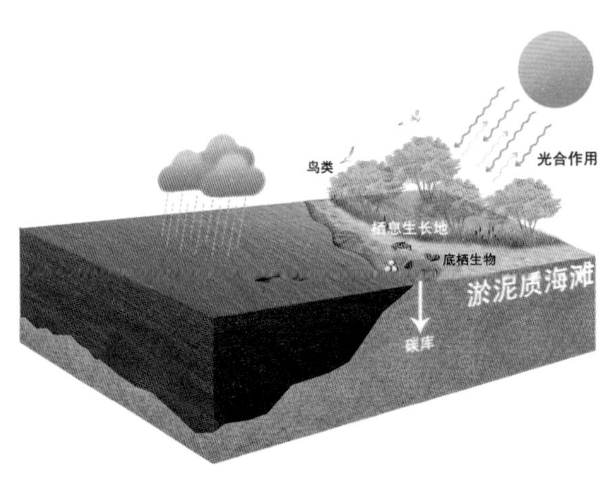

图4　淤泥质海滩的碳汇功能（杨姚/绘）

由于淤泥质海滩主要分布在陆地生态系统和海洋生态系统的交错过渡地带，随着气候变化引起的海平面上升对于淤泥质海滩的碳库演变具有极大的影响。一方面，海平面上升会改变湿地水文地貌格局，使得原本的潮上带转变为潮间带甚至潮下带，原本的潮间带和潮下带面积缩小甚至消失，造成淤泥质海滩面积锐减，降低淤泥质海滩的“蓝碳”功能。另一方面，海平面上升会使得一部分地区受到永久的海水淹没，造成的厌氧环境可能会降低土壤微生物的分解能力，进而提高淤泥质海滩的“蓝碳”功能。在以上两方面的作用下，海平面上升改变淤泥质海滩地貌格局对有机碳库的影响还存在较多不确定性。因而，加强滨海淤泥质海滩的科学研究，保护现存湿地生态系统结构与功能的完整性，停止破坏性的淤泥质海滩开发活动，恢复和新建滨海湿地生态系统，增强其“蓝碳”生态系统服务功能对中国早日实现“碳中和”目标具有重要意义。

（执笔人：李新鸽、初小静、韩广轩）

微生物撬动的大循环——滨海湿地的甲烷产生与氧化

甲烷——全球变暖的重要驱动者

在全球气候变暖的大趋势下，温室气体已经成为耳熟能详的名词。然而，当多数人的目光停留在二氧化碳对全球变暖的影响时，另一种温室气体也在悄然威胁着全球气候的稳定。甲烷（CH_4）——在百年尺度上的增温潜势为二氧化碳的28～34倍，辐射强度占大气层温室气体总辐照强度的18%，强烈地影响着全球热平衡。更令人紧张的是，根据联合国政府间气候变化专门委员会（IPCC）统计，大气中甲烷的浓度已经从工业革命前的715 ppb[①]上升到了2019年的1866 ppb，增加了161%。这会带来什么样的可怕后果？甲烷驱动全球变暖将会导致海底深层的部分可燃冰分解，极地冻土带逐渐消融，释放出更多的甲烷到大气中。遏制这种恶性循环需要人类付出极高的代价。IPCC的主要撰写人之一科文（Koven）表示，减少甲烷的排放是改变未来10年全球气温变化路径最容易的方法。这一切都在促使着研究人员更加全面细致地探索甲烷的产生与排放过程及其对环境的影响。

① 1ppb=1/10亿。以下同。

滨海湿地的“甲烷制造者”——产甲烷菌

通常认为，自然环境中的甲烷是产甲烷古菌在严格的厌氧条件下作用于产甲烷底物的结果。产甲烷的过程是有机物质在厌氧条件下降解的最终步骤。这种对厌氧条件的较高要求使得湿地成为大气中甲烷最大的自然源，每年有1.4亿~2.8亿吨甲烷从湿地排放到大气中（图5）。虽然滨海湿地高浓度的硫酸盐能抑制甲烷的产生和排放，但是其对大气甲烷积累的贡献仍不容小觑。科学家们通过大范围的采样分析进而估算，滨海湿地虽然面积仅占地球表面积的0.3%，但甲烷排放量却占全球年甲烷通量的7%~30%。一方面，滨海湿地

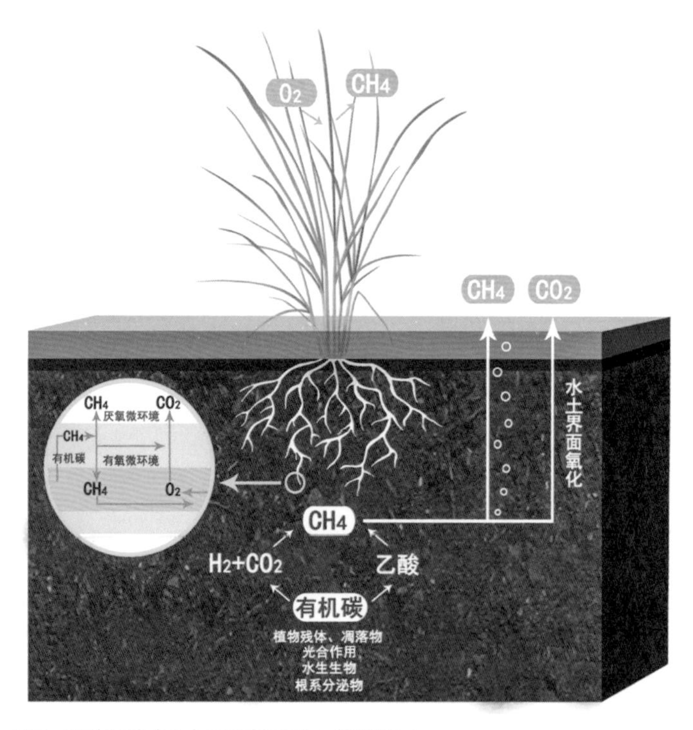

图5 湿地甲烷产生与氧化模式图（杨姚/绘）

频繁的海水浸淹为甲烷的产生提供了厌氧环境；另一方面，滨海湿地也是地球上初级生产力最高的生态系统之一，丰富的有机质输入为甲烷的产生提供了充足的“食物”。

作为滨海湿地甲烷的最主要产出者，产甲烷菌广泛分布于滨海湿地与海洋沉积物中。从分类的角度看，产甲烷菌主要属于古生菌界（Kingdom）的广古菌门（Euryarchaeota）。根据它们对“食物”的不同喜好，又将产甲烷菌分为乙酸营养型、氢营养型和甲基营养型等。此外，除了靠“吃”产生甲烷，科学家还发现了产甲烷菌通过“充电”的方式可产生甲烷，这类“充电宝细菌”（地杆菌、希瓦氏菌）通过“拥抱”形成团聚体结构或使用自身携带的“导线”（导电纤毛），将电子输送给产甲烷菌从而产生甲烷。

但在不同类型的滨海湿地中，由于温度、水位、主要植被类型、底物类型不同，产甲烷菌的群落结构特征和优势菌存在明显的差异。在英国的阿尼半岛（Arne Peninsula）盐沼湿地中，99%的甲烷来源于以乙酸为食的产甲烷菌。然而，也有许多滨海湿地的甲烷产生主要依赖于氢营养型的产甲烷菌。例如，长江河口湿地和闽江口芦苇湿地的产甲烷优势菌主要属于氢营养型；在一些蓝细菌丰富的盐沼湿地表层沉积物中，由于蓝细菌的光合作用产生大量氢气，导致该环境下氢营养型的产甲烷菌有丰富的“食物”来源，得以大显身手。在黄河三角洲滨海湿地，研究者还发现了“充电宝”细菌和产甲烷菌的身影。

此外，滨海湿地中也同样生存着许多产甲烷菌的竞争对手，可利用多种电子受体如硝酸盐、三价铁和硫酸盐的多种微生物，它们对“食物”的竞争会影响甲烷的产生。例如，硫酸盐还原菌与产甲烷菌竞争乙酸、氢等底物，可以使甲烷产生的主要底物乙酸盐浓度减少20%～30%，氢减少70%～80%。研究者在美国南卡来罗纳州的试验中发现，3年的海水浸淹使甲烷的排放量减少了30%。除对“食物”的竞争外，有些细菌甚至能够对产甲烷菌“下毒”。例如，硝酸盐还原菌除了在乙酸和氢的利用能力上比产甲烷菌更加高效以外，硝酸盐还原过程中产生的亚硝酸盐等对产甲烷菌还有毒害作用，抑制甲烷的产生。

滨海湿地的“甲烷杀手”——甲烷氧化菌

目前已知的是并非所有产生的甲烷都会进入大气之中，甲烷的氧化同样决定了其向大气中排放的水平。研究者发现，海洋沉积物中产生的甲烷约90%在到达海面之前就已经被微生物氧化，但这一比例在不同的生态系统中差异很大。因此，微生物介导的甲烷氧化过程在降低大气甲烷浓度和调节气候方面发挥的关键作用，同样备受关注。长期以来，人们普遍认为甲烷的有氧氧化过程是甲烷氧化的唯一途径，直到1974年研究者在海洋沉积物中发现了硫酸盐还原对甲烷的厌氧氧化，打破了甲烷只存在有氧氧化的认知。甲烷氧化菌也根据利用电子受体的不同划分为好氧甲烷氧化菌和厌氧甲烷氧化菌两类。滨海湿地由于潮汐过程造成的复杂环境条件，使得好氧甲烷氧化菌和厌氧甲烷氧化菌在这一区域都有大展身手的机会。

好氧甲烷氧化菌因为易于培养和纯化，自发现以来就

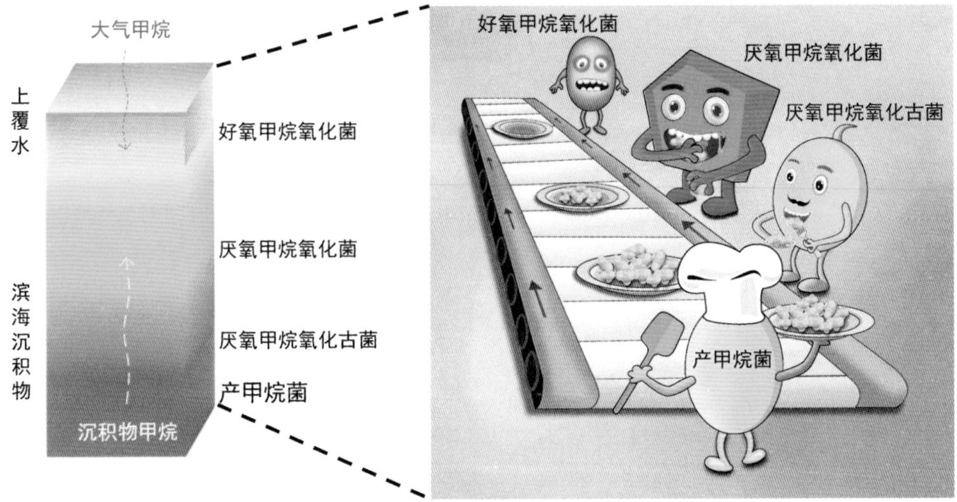

图6　科学家在滨海湿地发现甲烷氧化菌的梯度结构（何崭飞/绘）

一直深得研究者的关注。好氧甲烷氧化菌是一群在有氧条件下，将甲烷作为唯一碳源和能源物质的细菌，它们中有能够快速生长并占据优势地位的“先锋军”——I型甲烷氧化菌；也有在高甲烷浓度、低氧气浓度和贫营养条件下仍能进行甲烷氧化的“备用军”——II型甲烷氧化菌；还有在极端酸性条件下被发现，但无法被纯培养的嗜酸甲烷氧化菌。而厌氧甲烷氧化菌生长缓慢，难以分离纯化，这限制了研究的进展。在滨海湿地环境中，不同类型的甲烷氧化菌根据喜好选择各自的“理想住所”，这使得不同的甲烷氧化过程在滨海湿地的复杂微环境中占据不同的重要地位（图6）。在中国东海和南海的亚热带滨海湿地采样中，研究者发现了滨海沉积物不同深度中甲烷氧化菌的群落结构的变化。

滨海湿地位于海陆过渡带，环境条件特殊，导致了在不同区域的滨海湿地，甲烷产生过程以及氧化过程存在巨大的差异，任何新的发现都有可能打破我们常规认知。恬

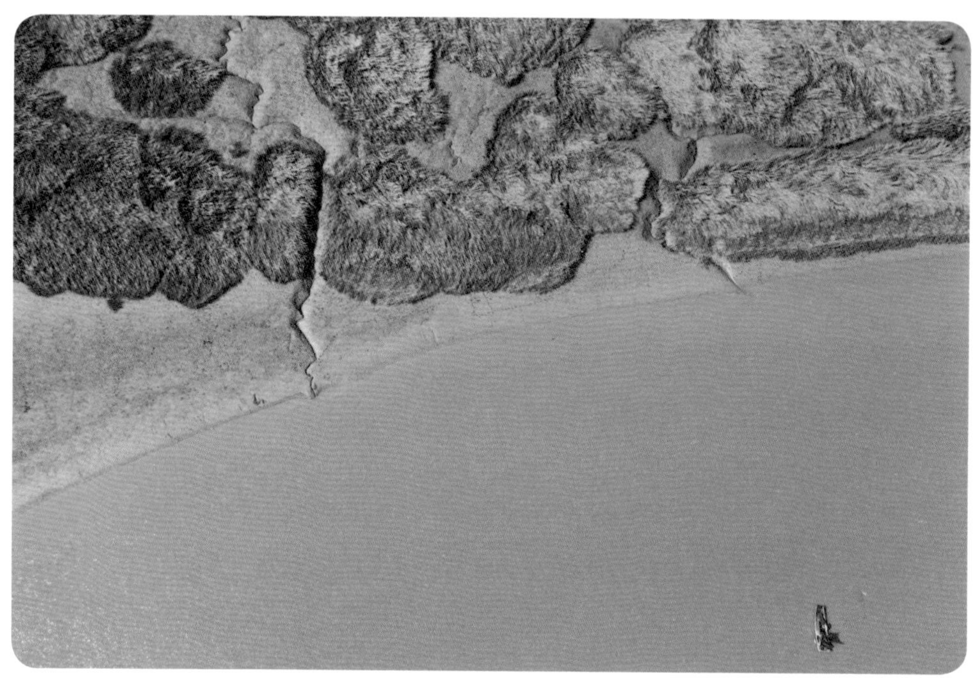

滨海湿地下有看不到的甲烷在涌动（李丹/摄）

静的滨海湿地下，有我们看不到的甲烷在涌动，有不可胜数的产甲烷菌和甲烷氧化菌在撬动着全球甲烷排放的大循环。

（执笔人：孙瑞丰、肖雷雷、韩广轩）

碳循环和能量流动的撬动者
——珊瑚礁生态系统

珊瑚礁是珊瑚虫随时间推移产生的碳酸钙骨架的大型水下栖息地，主要分布在沿海浅水以及温暖和清澈的水域，对热带海岸线起着至关重要的作用。被称为“海洋热带雨林”的珊瑚礁通常只占海底面积的0.1%，却拥有世界上25%的海洋物种。珊瑚礁的生物多样性和复杂地形，构成了一个奇妙而复杂的生态系统。珊瑚礁生态系统功能多样，通过提供食物、保护海岸线生境、固碳缓解气候变暖、参与生物地球化学循环和吸引观光旅游等方式，为全球提供了价值超过1万亿美元的生态系统服务。

珊瑚礁区的碳循环受到有机碳（光合作用/呼吸作用）和无机碳（钙化/溶解）两大生产代谢过程的共同作用。由于珊瑚礁地形地貌复杂、物种丰富度高，其碳循环过程错综复杂，与开阔大洋有较大区别。目前对珊瑚礁生态系统碳循环过程的了解还较为有限，关于珊瑚礁究竟是大气中二氧化碳的“源”（source）还是“汇”（sink）的问题还存在很大争议。珊瑚礁是大气二氧化碳源或汇则取决于净有机碳生产速率/净无机碳生产速率的比值（R），当$R<0.6$时，珊瑚礁是大气二氧化碳的源；反之，则是大气

二氧化碳的汇。

因为碳酸钙的沉淀会导致碳封存，因此人们常常认为珊瑚礁是全球大气中二氧化碳的汇。然而，碳酸钙的沉淀会伴随二氧化碳释放而导致pH的变化。在缓冲海水中，二氧化碳的释放比在淡水系统中少。在淡水中，每摩尔的碳酸钙沉积释放一摩尔的二氧化碳；但在缓冲海水中的钙化过程，由于碳酸氢盐和碳酸盐离子的去除，水变得更酸，碳酸钙的沉淀会伴随pH的降低而变化，结果是每沉积一摩尔的碳酸钙，会有约0.6摩尔的二氧化碳被释放出来。因此，珊瑚礁往往是大气二氧化碳的源，而不是汇。科研人员对不同珊瑚礁区所在的海域碳循环调查显示，大部分珊瑚礁区为碳源，也有部分为碳汇，吸收大气中的二氧化碳。

无论源汇情况如何，珊瑚礁生态系统内的碳循环过程一刻也未停止。有机碳代谢由珊瑚礁生态系统中的生物光合作用和呼吸作用协同进行，无机碳代谢则由伴随着碳酸钙沉淀、溶解、二氧化碳气态释放或形成碳酸氢根的钙化作用和碳酸盐溶解平衡控制。

珊瑚区的颗粒有机碳（POC）由浮游生物、原生动物、细菌等生命体和有机碎屑、生物残骸、粪便等形式构成。而溶解于海水的有机碳（DOC）由珊瑚分泌物和生物代谢产物构成，珊瑚礁植物的光合作用保证了有机碳的有效补充，动物摄食及微生物降解等生物过程驱动了珊瑚礁区有机碳高效循环，只有不超过7%的有机碳进入沉积物，而向大洋区水平输出的有机碳通量变化幅度较大，主要受到水动力条件的影响。伴随着珊瑚礁生态系统中的碳代谢和输运，$CaCO_3$在海水、珊瑚礁和底质中沉降、溶解、再悬浮，从而使得透光区和珊瑚礁孔隙中存在较高浓度的DOC、POC和营养盐，为鱼类、虾蟹、贝类等提供了丰富的营养基础，大量有机碳在海水-沉积物界面因生物分解而重新进入碳循环（图7）。

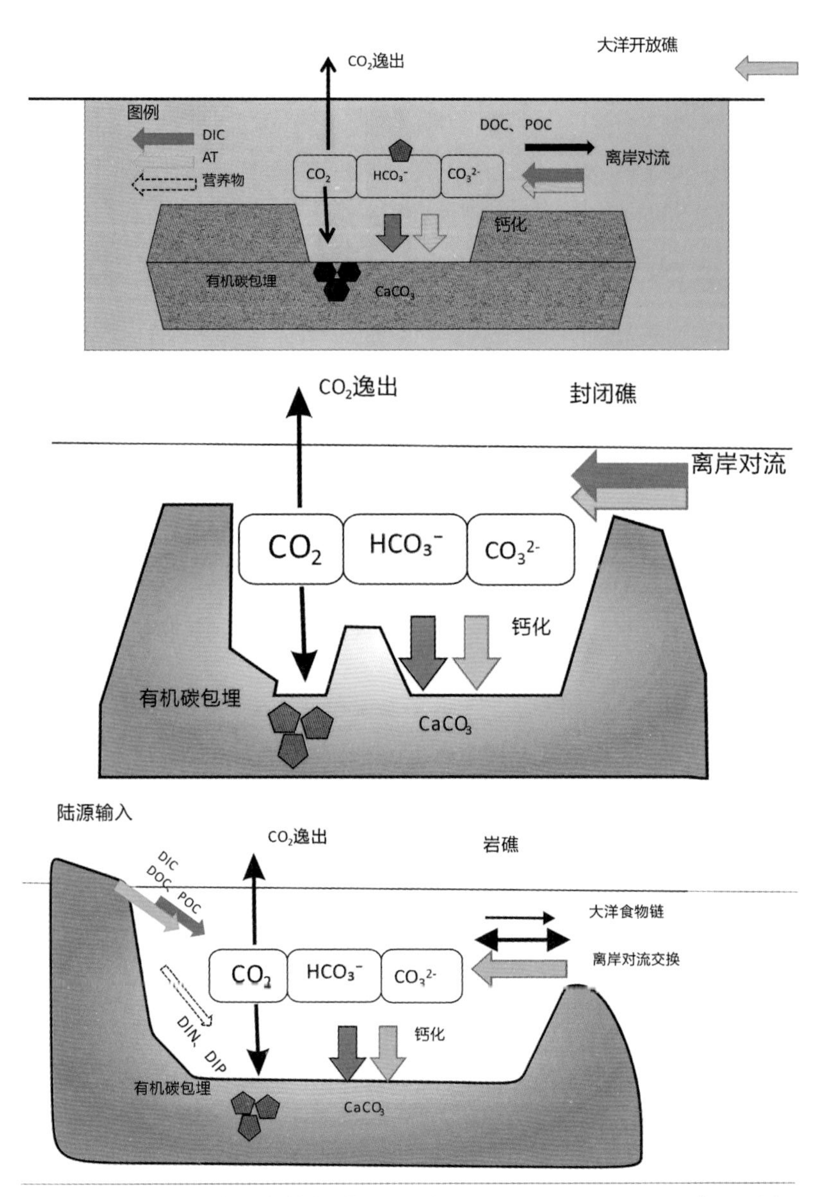

图7　3种典型地貌珊瑚礁的碳循环模型（改自Suzuki&Kawabata, 2004；董涵/绘）

陆海相连共发展——物质循环

无机碳在珊瑚礁区的存在形式为CO_2、CO_3^{2-}，HCO_3^-、H_2CO_3和$CaCO_3$。大多数珊瑚是以大气中的CO_2为源，进入海水电离形成CO_3^{2-}后与Ca^{2+}离子结合形成$CaCO_3$沉淀。除大气外，还有部分碳来自造礁藻类和海水，造礁藻类对$CaCO_3$的形成有很强的促进作用，所以$CaCO_3$主要形成于礁坪区，随着海浪和洋流被带到潟湖或外海大洋。全球珊瑚礁为浅海区贡献了32%～43%的$CaCO_3$。科学家研究估算，浅海珊瑚礁区域碳酸钙的形成过程中，每平方米每年向人气释放的二氧化碳折算为碳时，多达68～136克。

自然因素和人类活动共同影响着珊瑚礁碳循环，其中，自然因素包括海水温度、海水酸碱度、大气二氧化碳浓度和陆地径流、光照强度、日照日长等，人类活动则通过污水排放、捕鱼和过度采集珊瑚礁而直接影响。

碳循环的直接实施者是珊瑚礁生态系统中的各种生物，按照功能可划分为造礁生物、生产者、消费者和分解者。造礁生物可分泌$CaCO_3$，是造礁生物的主体。生产者包括各种浮游植物，如硅藻、蓝绿藻、甲藻、蓝藻、底栖藻等。蓝藻、虫黄藻还有共生菌等往往能在珊瑚组织内生存，形成珊瑚共生体，营养物质在共生体之间的流动让珊瑚群落能在低浓度氮磷条件下，相对寡营养的水域生长。珊瑚日常代谢所需的大部分营养物质，基本上都由虫黄藻供应。

消费者中既有个体比较小的浮游动物，如原生动物、桡足类及枝角类等甲壳动物，也有个体相对较大的生物，如螺和虾蟹类底栖动物，以及在珊瑚礁中觅食的各种颜色鲜艳的鱼类。浮游动物是珊瑚虫和鱼类的重要食物。

三亚珊瑚礁生物礁群落（曾江宁/摄）

一些自养细菌如蓝藻可以通过光合作用为珊瑚礁提供基础生产力，而存在于礁区的异养细菌，如变形菌门Proteobacteria、厚壁菌门Firmicutes等细菌，可以固定海水和空气中的氮气，转化为珊瑚虫可利用的形式。而珊瑚虫能通过触手和水流，捕获浮游生物，其氮、磷等代谢废物是在珊瑚体内共生的虫黄藻的基础能量来源，虫黄藻又能通过光合作用在珊瑚虫内产生葡萄糖、氨基酸、甘油、氧气，从而为珊瑚虫提供基本营养，促进珊瑚吸收$CaCO_3$。

珊瑚礁生态系统中，各物种相互联系、各司其职，维持其稳定性，促进海域的物质循环和能量流动，并提供高生产力。

（执笔人：董涵）

海岸带的三大驱动力
——全球变暖、人类活动、海洋灾害

生命起源于海洋，后又扩展至陆地，在海陆交界地带，形成了一片神奇的区域——海岸带。国家标准《海洋学术语　海洋地质学》(GB/T18190 2017)将海岸带界定为海陆相互作用过渡带，上限起自海水能够作用到的陆地最远点，下限为波浪作用影响海底的最深点。海岸带物种资源丰富、生产力高，社会经济价值和能源开发利用潜力大，是人类生产与发展的宝贵空间。

“交叉”往往带来机遇，“边缘”却意味着不稳定。海岸带作为海洋和陆地生态系统的交错地带，一方面拥有丰富的资源，承载着人类众多的社会经济活动；另一方面，随着全球气候变化、人口增加和城市化进程的加快，海岸带也面临着海平面上升、生物多样性减少、环境污染、不合理开发利用等巨大压力，严重影响了海岸带的可持续发展。碧波荡漾、水巷蜿蜒，威尼斯以其独特的水文地貌景观而闻名遐迩。但由于海平面升高以及当地地下水过度开采等因素的影响，该地区沉降作用加速，洪水事件频发。沦为“水下城市”，成为21世纪内威尼斯可以预见的悲壮结局。作为气候变化和人类活动下全球海岸带变化的“快进版”缩影，我们也能够通过威尼斯的“淹没之路”推测出海岸带演变的三大驱动力：全球变暖、人类活动、海洋灾害（图8）。

全球变暖——海岸带演变的“发动机”

潮来潮往，沧海桑田。自形成之日起，海岸带便一直发生着或急或缓的变化。近几十年来，海岸带变化加剧，全球变暖是重要的驱动力之一。首先，温度升高能够通过加强土壤蒸发来降低土壤含水量，过高的温度和较低的土壤水分含量都会对植物的生存产生不利影响。其次，部分植物可能会入侵到温度较低的地区，破坏当地的生态平衡。同时，病原体和害虫也会改变它们的活动范围，进入新的地区，由于缺少天敌而大肆繁殖和破坏。

图8　海岸带的三大驱动力（杨姚/绘）

此外，气候变暖能够通过引起海水热膨胀、极地冰川融化等导致海平面上升。研究表明，近百年来全球海平面已上升了10～20厘米，并且未来还要加速上升。1980—2021年，中国沿海海平面变化总体呈波动上升趋势，2021年中国沿海海平面达1980年以来最高，预计未来30年，中国沿海海平面将上升68～170毫米。海平面上升会导致海岸侵蚀、海水入侵、土地盐碱化、风暴潮加剧等生态问题，从而对海岸带产生极其不利的影响。因此，气候变暖无疑成为海岸带环境演变的“发动机”。

人类活动——海岸带演变的“催化剂”

海岸带是人类活动最活跃和最集中的地区，承载了约60%的世界人口，但海岸带仅占地球陆地面积的10%。人类活动直接影响了海岸带的演变过程（图9），工业革命后，人类活动对海岸带的影响在强度、广度和速度上均接近或超过了自然变化。

围（填）海和基础设施建设被认为是导致海岸带生态系统退化最主要的因素。一方面，海平面快速上升引起海岸侵蚀，但海堤、大坝等基础设施以及围垦养殖等形成的障碍物却阻碍了滨海湿地向邻近高地迁移，通过海岸线挤压造成湿地面积减小。研究表明，如果拥有足够的容纳空间，全球潮汐湿地的面积将增加约60%左右，但在现有水平上如果没有更多的容纳空间，其面积将减少30%。另一方面，沉积物的可得性是海岸带发育的主要驱动力，水库、大坝等的建设大大减少了河口地区的泥沙输入量进而导致海岸带退化。此外，围垦养殖等活动在改变土地利用类型、减少海岸带自然湿地面积的同时往往会与大坝、

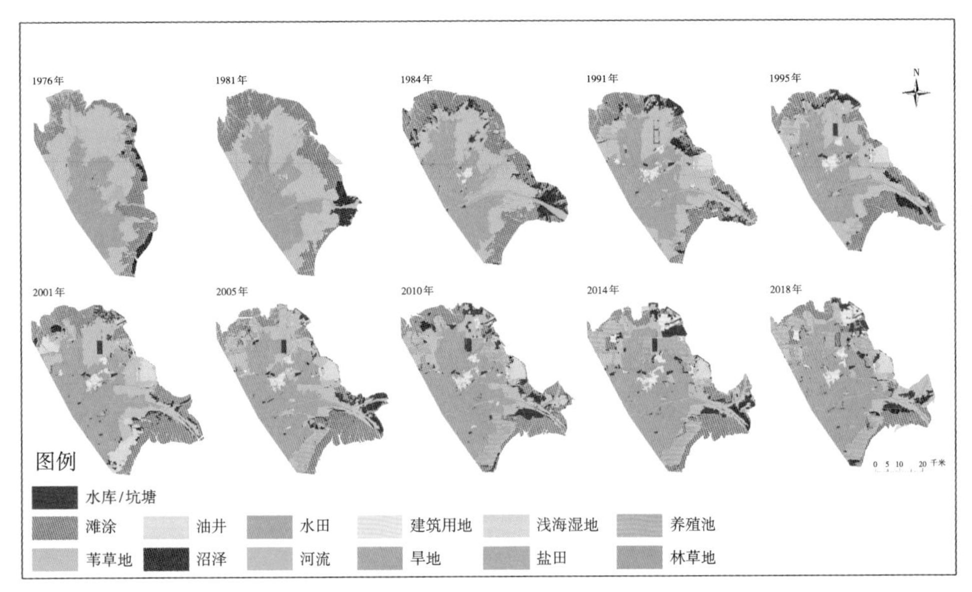

图9　1976—2018年黄河三角洲湿地类型演变特征示意图（于冬雪/绘）

潮闸等结构一起破坏湿地水文连通性，减少部分地区的淹水频率和淹水面积，造成海岸带生态系统结构受损和功能退化。

环境污染是导致海岸带退化的另一个关键因素。首先，农业生产以及生活污水、养殖废水不合理排放等导致大量的氮、磷等营养物质进入海岸带生态系统，造成水体富营养化，引起藻类、浮游植物等大量繁殖，水中溶解氧含量下降，水生动物死亡等现象，导致海岸带水质变差。其次，城镇化加速，工矿业生产、生活污水排放等活动产生的重金属不仅直接污染水体和土壤，对海岸带动植物产生毒害作用，而且能够通过生物积累、生物放大等现象在食物链中传递，最终对人类健康产生巨大威胁，严重破坏生态系统的服务功能。此外，石油开采、港口建设等人类活动也会引发石油泄漏等环境污染问题，导致海岸带环境质量下降。因此，人类对海岸带的不合理开发和利用成为了海岸带环境演变的催化剂。

海洋灾害——海岸带演变的“引火柴”

风暴潮、灾害性海浪、海冰灾害、赤潮灾害和海啸是常见的海洋灾害。其中，风暴潮是指由强烈大气扰动，如热带气旋（台风、飓风）、温带气旋（寒潮）等引起的海面异常升降现象。灾害性海浪，通常指海上波高达6米以上的海浪，通常也称为引起灾害的海浪。海冰灾害是因海冰造成的灾害的统称，具体来说，海冰灾害是指由海冰引起的影响人类在海岸和海上活动实施和设施安全运行的灾害，特别是造成生命和资源财产损失的事件。赤潮是海洋中漂浮的某种或多种微小植物、原生动物或细菌，在一定环境下暴发性增殖或聚集，使一定范围内的海水在一段时间内变色的生态异常现象。因赤潮对海洋环境、生物造成的灾害被称为赤潮灾害。海啸是由海底地震、火山爆发、海底滑坡或气象变化产生的破坏性海浪。

我国是世界上遭受海洋灾害影响最严重的国家之一。风暴潮、灾害性海浪、海啸等会引起海岸侵蚀、耕地淹没、房屋受损等；赤潮等海洋灾害则会引起海岸带水体富营养化等环境问题。2021年，我国海洋灾害以风暴潮、灾害性海浪和海冰灾害为主，共造成直接经济损失307087.38万元，死亡失踪28人。各类海洋灾害中，造成直接经济损失最严重的是风暴潮灾害，其造成的直接经济损失占总直接经济损失的80%；造成人员死亡失踪最多的是灾害性海浪，其造成的死亡失踪人数占总死亡失踪人数的93%。此外，2021年海洋灾害造成直接经济损失最严重的是浙江省，直接经济损失95679.70万元，占海洋灾害造成的总直接经济损失的31%。因此，海洋灾害成为海岸带环境演变的引火柴。

人类保护——海岸带演变的“减缓器”

受自然以及人为因素的影响，海洋灾害及其对海岸带产生的破坏作用不断加剧。一方面，气候变化引起风暴潮等海洋灾害发生的频率和强度增加，而气候变暖导致的海平面上升则会加剧风暴潮等海洋灾害对海岸的侵蚀作用，引起海岸蚀退。另一方面，人类活动导致大量的氮、磷等营养物质进入海岸带生态系统。同时伴随着适宜的温度，引起藻类、浮游植物等大量繁殖，从而引发赤潮灾害，导致鱼类等大量死亡，近岸海洋生态系统的平衡遭到破坏。

沿着海岸行走，一只脚踏在海里，一只脚行在陆上，一边有海纳百川的胸怀，一边有承载万物的厚德。作为与人类关系最密切的生态系统，海岸带无私地哺育着人类。但在当前气候变化背景下，海平面加速上升，人类活动和海洋灾害等威胁着海岸带生态系统，破坏了海岸带景观与生态平衡。对此，人类应该怀着“羊跪乳，鸦反哺”的心态去保护海岸带生态系统，加快构建人与自然生命共同体，促进人与自然和谐共生。

（执笔人：张奇奇、李培广、韩广轩）

陆地与海洋相约携手于滨海湿地，为芸芸众生源源不断地提供衣、食、住、行的各类产品，为地球村传承了千万年的人类伙伴提供着居所和食物。各类海产美食、医药化工原料、油气海砂硅土，甚至山东威海传统的海草民居、奥运泳池劈波斩浪的鲨鱼皮泳衣、医用级的鱼胶原创面敷料，无不源自滨海湿地，或与其密切相关。本篇从我们熟识的海产品切入，挖掘其背后的生态规律，结合生产与生活场景，向读者展示滨海湿地生态系统的供给功能。

物产丰富泽众生
——生态供给

紫菜养殖——滨海滩涂湿地的种植产业

紫菜，来自大海的美味馈赠

紫菜（*Porphyra*）是一类生长在潮间带的大型海藻，属于红藻门（Rhodophyta），在寒带、温带、亚热带和热带海域均有分布。紫菜的味道鲜甜甘香、爽滑可口，是一种不可多得的海洋食材。紫菜融在舌尖，一股来自大海的鲜美味道席卷而至。1400多年前，北魏《齐民要术》记载“吴都海边诸山，悉生紫菜”；北宋年间，紫菜更是成为沿海州府进贡的珍贵食品；宋代诗人赵汝鐩也曾盛赞“海珍纫紫菜，仙品渍黄精”。

从秋风乍起的十月开始，紫菜一点点长大；到海水陡然降温的十二月，它会开始迅速成长。每年最早采摘的紫菜被称为“头水紫菜”，极为珍稀。头水紫菜入口即融，又极富弹性、新鲜细嫩，有鱼虾之鲜味，却无其腥味。这样鲜嫩的头水紫菜，气味和口感的高峰期不过短短的一两个星期而已。过一段时间再长出来的二水、三水、四水紫菜则韧性更强。

这些大自然馈赠的美味，一旦采摘离海必须迅速加工，否则就会腐败变质。于是，人们与大自然又开始了一

质朴、美味的农家紫菜炒饭（肖溪/摄）

场时间上的较量。烘烤紫菜难度非常高，要用大火且翻动时需足够温柔，它不仅决定了紫菜干饼的色泽与味道，也直接影响市场口碑和价格。如若烤得恰到好处，紫菜则深黑油亮、香气怡人、口感松脆；如果稍微烤焦，紫菜则会带上苦味，变硬、收缩。干燥后的紫菜易于储存，方便运输，已走入千家万户。冬日里，最暖心暖胃的不过一碗热紫菜汤。紫菜圆饼扯下一小角，加入沸水如丝绸般顺滑，展露出深邃的光泽。与此同时，肌苷酸和谷氨酸这些鲜味成分骤然散发，风味异乎寻常地鲜美。任你是谁都不由得感慨，紫菜真是来自大海的美味馈赠。紫菜炒香芹、紫菜炒饭、珍珠蚝汆紫菜……滨海人家走亲访友时，从不忘带上几饼质量上佳的紫菜，寄托朴素而真挚的情感。

紫菜养殖，勤劳人民的智慧

当然，更吸引现代人的则是紫菜极高的营养价值。紫菜富含蛋白质、碳水化合物、不饱和脂肪酸、维生素和矿物质等，是绿色健康食品的上佳选择。早在明代李时珍著《本草纲目》中，便记载了“凡瘿结积块之疾，宜常食紫菜”、主治“热气烦塞咽喉”等紫菜的食疗功效。但是，野生的紫菜产量已满足不了市场需求，所以人工养殖紫菜成为一个兴旺的产业。

紫菜，作为一种经济作物，在我国东南沿海广为养殖，距今已有300多年历史。现在紫菜也已成为全世界产值最高的大型栽培海藻，在中国、日本和韩国都有大规模种植。事实上，紫菜养殖是一件异常艰苦又极富挑战的体力劳动。首先需要选定水质好、风浪强度适宜的滨海滩涂，然后在海里打桩、晒匾、投苗、附苗。打桩是其中最为辛苦的一步，需将十几米高的毛竹打通竹节，以便减小

滨海滩涂紫菜养殖（孙庆海/摄）

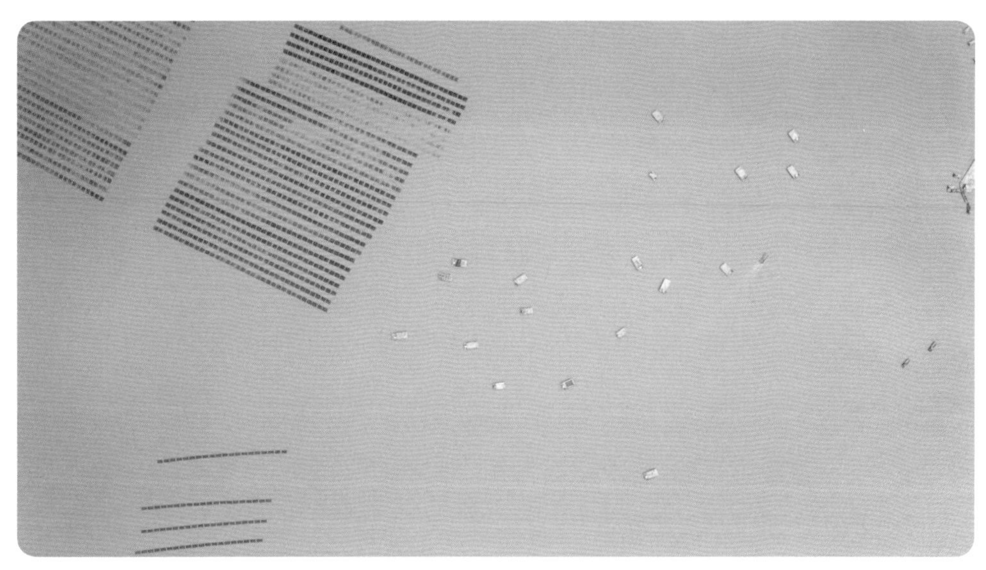

空中俯瞰紫菜养殖区（荆长伟/摄）

浮力，在海中更为经久耐用；再将毛竹用力敲入海底，用绳子连接所有竹桩、挂上网帘，给紫菜苗打造一个海上之家。紫菜幼苗于潮涨时没入海水，充分吸收营养；于潮落时干露出海面，享受美妙且杀灭病害的日光浴。这样大约3个月后，紫菜便进入采收季。现在勤劳的滨海人民又在传承传统智慧的基础上不断创新，勇敢尝试了外海养殖、挂养等多种新方法，让紫菜产量比传统方式高出3倍多。

随着养殖技术的逐渐成熟、紫菜品种的不断丰富，我国紫菜养殖产量持续上升。据《中国渔业统计年鉴》数据，2019—2020年我国紫菜养殖产量同比增长4.58%。紫菜养殖产业主要分布在浙江、福建、江苏、广东和山东五个省份。其中，紫菜养殖产量最高的省份为浙江省，2020年占比33.76%；其次为福建省，占比32.82%；第三为江苏省，占比21.14%。这些省份拥有大面积滨海湿地、海洋滩涂，十分适宜紫菜养殖。其中，“霞浦紫菜”“洞头紫菜”“佛渡紫菜”等陆续获国家地理标志认证，成为滨海人民交口称赞的“致富菜”和“黄金菜”。

小小紫菜，环境大卫士

我国拥有约3.2万千米的漫长大陆与海岛海岸线。我国人民勤劳、聪明，创造了海藻养殖这种独特的滨海滩涂湿地资源利用方式，为人类提供了极为丰富、美味、健康的食物。此外，紫菜等大型海藻也是一种重要的滨海“蓝碳”资源，在修复近海富营养化、助力我国“碳中和”目标实现、应对全球气候变化等方面潜力巨大。

通过实地测量和全球大数据分析，科技工作者精准确定了海藻养殖的氮磷移除能力，发现大型海藻移除海域河流输入及大气沉降污染物的能力极强：每亩海藻养殖可消纳相当于18亩海域所接纳的氮污染和127亩海域所接纳的磷污染。我国大型海藻养殖产业年移除氮75000吨、磷9500吨；年吸收碘5800吨，固定碳539600吨，向海水释放氧气1440600吨，节省化肥29310吨、农药1870吨和耕地62500公顷。

由于海洋吸收了大气中过量的二氧化碳，海水正在逐渐变酸。自工业革命以来，海水pH下降了0.1。海水酸性的增加，将改变海水化学的种种平衡，使依赖于化学环境稳定性的多种海洋生物乃至生态系统面临巨大威胁。海洋酸化的终极解决方案是温室气体减排。然而，与全球升温不同的是，海洋酸化可以在局部范围内被缓解，例如，通过大型海藻的光合固碳作用来缓解。同时，大型海藻还能为其他海洋生物提供庇护所。科研人员现场研究已证实，紫菜等大型海藻养殖区域海水pH比毗邻对照海区显

科研人员在大型海藻养殖区域进行野外调查（黄宇洲/摄）

著提升。因此，紫菜养殖除可显著吸收和移除营养盐、修复近海富营养化水体之外，还可成为人类应对和缓解海洋酸化、气候变化的一项积极措施。

（执笔人：肖溪、黄宇洲、吴嘉平）

生态工厂——提质增产保供给的海洋牧场

我国拥有世界上最大的海洋渔业捕捞产业。2018年，我国沿海水域的上岸野生鱼类达1040万吨，约占全球海洋野生鱼类捕获量的12%。但是，过度开发已使沿海水域的大量渔获物基本由小型、低价值的中上层鱼类组成。随着国内对海产品需求的不断增长，维持沿海渔业的可持续发展已成为我国发展蓝色经济最为关切的话题之一。

海洋牧场是一种生态型的渔业方式，在适宜海洋生物繁殖的海域，通过投放建造人工鱼礁等作为栖息地，创造适宜生物种苗生活的环境，然后采用增殖放流的方法，将人工培育的生物种苗放入海中，直接以海洋中的天然饵料为食，从而实现增加海洋渔业资源生物量的目的，被誉为海上“蓝色粮仓”。海洋牧场作为加强渔业生产的有力工具，已被推广了近150年。按海域不同划分，有沿岸（浅海）海洋牧场和大洋（深海）海洋牧场；按功能不同来划分，有休闲观光海洋牧场、养殖生产海洋牧场以及多功能海洋牧场等。这些海洋牧场不仅能确保水产资源保持稳定持续增长，还能在开发利用海洋资源的同时，保护海洋生态系统，从而形成可持续性生态渔业。

舟山海域的海洋牧场（陈斌/摄）

海洋牧场的生态效益是在人工措施的作用下产生的。国内外海洋牧场建设通常采取的人工措施包括人工鱼礁投放、海藻或海草移植、渔业生物放流、配套设施建设（如鱼类育苗基地、渔业生物科技基地等）和监测管理等。

人工鱼礁是一种人为设置在水域中的构造物，利用生物对水中物体的行为特性，将生物对象诱集到特定场所进行捕捞或保护的一种设施。其生态作用主要表现在：通过在礁体周边产生扰流和上升流，促使近底层的有机物和营养盐向上迁移，促进真光层内的浮游植物的繁殖与生长，从而提升海域的初级生产力。另外，人工鱼礁可为恋礁性鱼类提供庇护所，并增加贝类和藻类的附着面积，减弱礁体周围水流的流速和提供丰富的饵料生物，为渔业生物营造适宜的栖息环境和索饵、繁殖场所。

海藻或海草移植是指在适宜生长的海域直接移植海

藻、海草幼苗或成熟的植株，以构建海藻床或海草床。该方法既提高了底栖初级生产力，为渔业生物提供了饵料和栖息场所，又加速吸收和转化了水体内的氮、磷等营养元素，促进沉积物－水界面的可交换态营养盐的释放，实现改良海域水质和底质环境的效果。海藻床或海草床在抑制赤潮和绿潮生物大量繁殖、固碳释氧、减少海底地貌侵蚀和抵抗风暴潮灾害方面也起着非常重要的作用。

渔业生物放流是通过人工方法直接向海域投放渔业生物的卵子、幼体或成体，增加渔业资源种群数量，并结合营造的人工鱼礁、海藻床或海草床等栖息生境，吸引放流的渔业生物在此聚集，以改善因过度捕捞而破坏的群落结构，实现渔业资源的增殖。

我国自20世纪70年代便开始了海洋牧场建设，侧重于形成具有明确边界的人工生态系统，包括生境恢复和生物放流。在一系列政策和大量投资下，我国的海洋牧场建设开展得如火如荼。截至2015年，我国已建成190个海洋牧场，其中，188个部署了人工鱼礁，64个和47个分别进行了幼鱼释放和大型海藻床或海草床修复。据统计，我国已为海洋牧场投资了大约80亿元人民币（折合12亿美元），其中87%用于人工鱼礁投放，8%用于生物放流，5%用于海藻床或海草床恢复。

我国海洋牧场的建设取得了较好的生态和经济效益。海洋牧场绩效的全国性评估结果显示，人工鱼礁区的海洋生物丰度、生物量和（或）物种丰富度均高于邻近地点，但对于非经济性底栖生物和浮游植物等类群而言，情况并非如此。人工鱼礁对具有生态意义的鱼类和非经济性底栖动物丰度的影响大小与管理模式之间存在重大关联。也就是说，人工鱼礁对非经济底栖生物量的影响大小受到鱼礁面积和密度的显著影响。此外，中研普华产业研究院《海洋牧场行业研究咨询报告》显示，近几年海洋牧场行业的增速保持在15%以上，行业增长较快，有较强的发展能力。2019年，中国海洋牧场行业营收同比增长率约为18.49%。

海洋牧场是一个快速发展的行业，进入21世纪以来，国家政府及沿海省份都大力支持发展海洋牧场，先后出台了多项支持性政策，助推海洋牧场产业高质量可持续发展。其中，山东省的快速发展有目共睹。2018年，山东印发《山东省海洋牧场示范创建三年计划（2018—2020年）》，鼓励休闲海钓产业发展。2018—2020年，新评定山东省省级休闲海钓示范基地10处、省级休闲海钓钓场15处，进一步发展了休闲海钓产业，游客年接待能力达600万人次以上，创建了一批海洋牧场最美渔村和特色小镇。2020年11月5日，山东又编制出台了《山东省海洋牧场建设规划》，确立了“一体、两带、三区、四园、多点”的空间布局，按照投礁型、底播型、装备型、田园型、游钓型5类特色海洋牧场，实行差异化发展。2022年6月1日，我国首个海洋牧场建设领域的国家标准《海洋牧场建设技术指南》开始实施，由山东省牵头制定，烟台市市场监督管理局牵头起草，标准立足于我国海洋牧场建设现状，将为海洋牧场建设提供重要的基础支撑。

（执笔人：曾旭）

物种抢救——水产种质资源的保护

滨海湿地为大量极危、濒危和易危物种提供了栖息地。截至目前，《国际自然保护联盟濒危物种红色名录》中以滨海湿地为栖息地的物种多达4880种。滨海湿地物种的遗传多样性高于淡水和陆生物种。据统计，全球近海生态系统拥有30多个动物门，而内陆湿地仅有14个，陆地生态系统11个。滨海湿地还为大量的底栖动物、浮游动植物提供了重要的栖息场所。在澳大利亚的巴斯海峡，仅10平方米的沉积物中就记录到800多个物种，而菲利普港湾的沉积物中有700多个物种。滨海湿地内丰富的底栖动物、浮游生物等为鸟类提供了丰富的食物资源，全球重要的候鸟迁徙路线均经过滨海湿地。

自然界中，多种不同类型的滨海湿地组成“滨海湿地系统”，呈现出景观的多样性。以我国北方典型滨海盐沼为例，从海向陆沿着海拔梯度的增加，湿地景观沿滩涂湿地、海草床、互花米草、盐地碱蓬、柽柳和芦苇方向演替。发展过程中，我国滨海湿地曾一度面临着围垦、不合理水产养殖、过度捕捞、外来物种入侵、污染和生态灾害频发的威胁，导致以滨海湿地为生境的物种栖息地面积减少、栖息地质量降低。

为了保护我国的滨海湿地、抢救受威胁物种，原国家海洋局于2016年4月印发了《关于全面建立实施海洋生态红线制度的意见》和《海洋生态红线划定技术指南》。海洋生态红线区的划定依据海洋生态系统的特点和保护要求进行，以重要海洋生态功能区、敏感区和脆弱区为保护重点，分区分类制定差别化管控措施，并实施严格管控和强制性保护。如今，我国约30%的近岸海域和37%的大陆岸线已被纳入生态保护红线管控范围，1.8万千米的大陆海岸线和1.4万千米的海岛海岸线上，每年繁育、迁徙和越冬的水鸟已经达到240多种，全球9条候鸟迁徙路线中有3条经过我国境内。另外，截至2022年我国累计实施了58个“蓝色海湾”整治项目、24个海岸带保护修复工程、61个渤海综合治理攻坚战生态修复项目等一系列重大项目，初步遏制了局部海域红树林、盐沼、海草床等典型生态系统退化趋势，区域海洋生态环境明显改善。

建立海洋保护区是保护物种的关键手段之一，截至2019年年底，我国已建立各级海洋自然（特别）保护区271处，总面积约为12.31万平方千米，占我国管辖海域面积的4.1%。保护对象包括中华白海豚、文昌鱼、中国鲎、珊瑚等物种，以及红树林、珊瑚礁、河口湿地和海岛等生态系统。我国还建立了水产种质资源保护区，即为保护和合理利用水产种质资源及其生存环境，在保护对象的产卵场、索饵场、越冬场、洄游通道等主要生长繁育区域依法划出一定面积的水域滩涂和必要的土地，予以特殊保护和管理的区域。据公开资料，截至2021年9月，我国共有海洋类水产种质资源保护区74个，面积至少达到

77965.85平方千米。水产种质资源保护区按管理等级分为国家级和地方级，目前可查证的海洋类国家级水产种质资源保护区共56个，占海洋类总数的75.7%，面积约77666.15平方千米，占海洋类总面积的99.6%。据统计，我国22%的浅海生境（<10米）得到了完全或高度保护。

相对于海洋保护区较广泛的保护目标，水产种质资源保护区对物种的保护更有针对性。从历史趋势来看，中国海洋类水产种质资源保护区的数目，自2003年初创以来呈现持续上升的趋势（图10）。保护的面积在2007—2009年急剧增加，仅两年时间就从1229.23平方千米攀升至76270.65平方千米，主要原因在于农业部（现农业农村部）在2007年末首次公布了一批国家级水产种质资源保护区名单。此后面积增长呈现平稳的趋势、增幅较

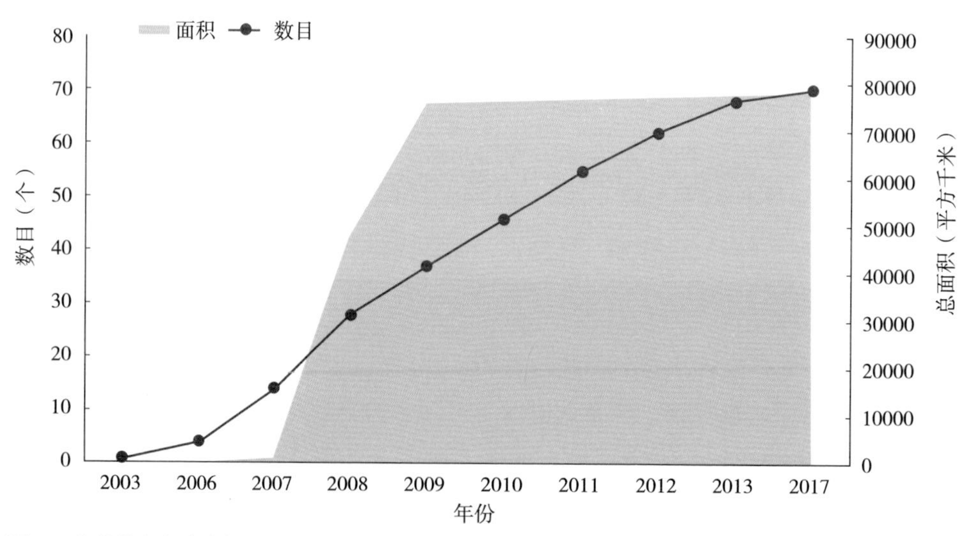

图10　海洋类水产种质资源保护区数量和面积的历史变化趋势（曾旭/绘）

注：数据来源于上海交通大学海洋战略课题组。

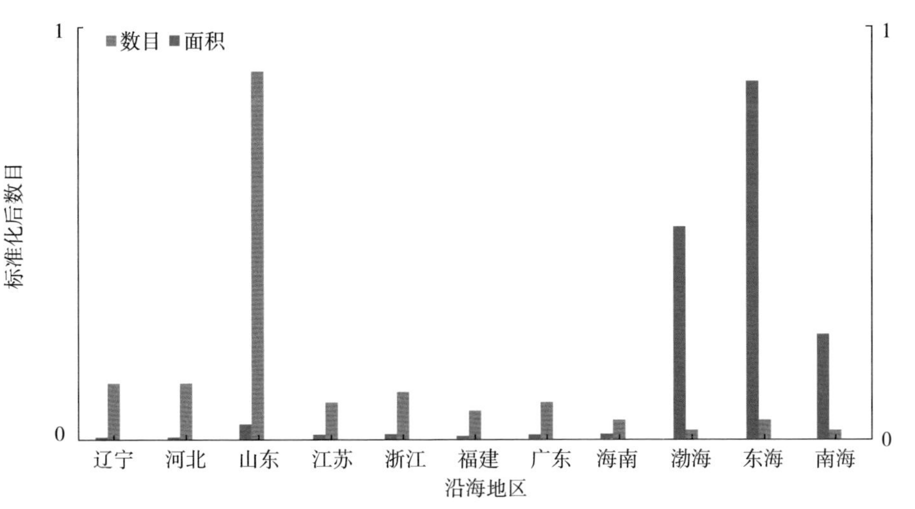

图11　沿海省份（海域）水产种质资源保护区数量和面积占比（曾旭/绘）

注：为了更好地显示各省以及海域保护区的数量和面积，标准化后数目＝数目/总体标准差；标准化后面积＝面积/总体标准差

注：数据来源于上海交通大学海洋战略课题组。

小，2013—2017年增量仅为24.72平方千米。

从海洋类水产种质资源保护区的地域分布情况来看，山东省的数目最多，但面积占比不到2.5%。尽管渤海、东海、南海的水产种质资源保护区数目占比不高，但其面积占比分别位居第二、第一和第三位。其他省属的水产种质资源保护区面积占比则远远小于以上三个海区，且呈现出不均匀的分布，山东省的保护区面积占比较其他省份高（图11）。

为实现对水产种质资源保护区的有效管理，原农业部发布了《水产种质资源保护区管理暂行办法》。据统计，中国所有的海洋类国家级水产种质资源保护区均有对应的管理机构。目前，水产种质资源保护区分为核心区和实验区，实行分区管理。其中，核心区是指在保护对象的产卵场、索饵场、越冬场、洄游通道等主要生长繁育场所设立的保护区域。在此保护区域内，未经农业农村部或省级人民政府渔业行政主管部门批准，不得从事任何可能对保护功能造成损害或重大影响的活动。实验区是指核心区以外的区域。在此保护区域内，在农业农村部或省级人民政府渔业行政主管部门的统一规划和指导下，可有计划地开展以恢复资源和修复水域生态环境为主要目的的水生生物资源增殖、科学研究和适度开发活动。在水产种质资源保护区的核心区内，根据不同保护对象的生活习性，可以设定特别保护期和一般保护期。目前，中国有9个海洋类国家级水产种质资源保护区（桑沟湾、乐清湾泥蚶、山海关海域、小石岛刺参、崆峒列岛刺参、西沙东岛海域、三山岛海域、双台子河口海蜇中华绒螯蟹和马颊河文蛤国家级水产种质资源保护区）在其核心区实行全年特别保护。

在国家法律保障层面，2021年12月24日中华人民共和国主席令第102号发布了《中华人民共和国湿地保护法》（以下简称《湿地保护法》），该法已于2022年6月1日开始施行。《湿地保护法》第三条“湿地保护应当坚持保护优先、严格管理、系统治理、科学修复、合理利用的原则，发挥湿地涵养水源、调节气候、改善环境、维护生物多样性等多种生态功能”，明确了保护湿地生物多样性的目标；第二十四条“省级以上人民政府及其有关部门根据湿地保护规划和湿地保护需要，依法将湿地纳入国家公园、自然保护区或者自然公园”，为湿地的保护措施制定提供了指导。《湿地保护法》的颁布和实施为湿地中物种的保护提供了法律依据，这将积极促进湿地物种的有效管理和保护，从而维护滨海湿地的生态系统功能。

（执笔人：曾旭）

日晒制盐

——海南儋州的千年古盐田

海盐在中国历史悠久。商周之际，煮海为盐的做法就已经被推广并开始普及。到西周时，海洋开发活动加强，制盐业发展迅速，当时已专门设置了“盐人”的职务。《尚书》《礼记》《周礼》《史记》等古籍中都有“煮海为盐”的记载。《盐铁论》上说，汉代盐场规模大的有千余人之多，到了两晋，盐场遍布于东南沿海一带，当时的浙江海盐县是著名的产盐区。“煮海为盐”的方法至明朝初期仍是我国主要盐产区山东的首选制盐工艺。明朝宋应星在《天工开物·作咸第五》中记载：“海丰有引海水直接入池晒成者，凝结之时，扫食不加人力。与解盐同。”“海丰”是指明代山东的无棣县，“解盐”指山西解州生产的贡盐。这段记载描述了无棣改进几千年的制盐工艺，改“煮海”为“滩晒”。不过，直到清朝时，晒盐工艺才在山东盐产区内占有绝对优势。

中国南方则是另一番场景。唐朝末年，一批福建莆田盐工为了躲避战乱，举家来到蛮荒之地的海南，他们发现海边石头上凹积的海水被晒干后结晶成盐，于是盐工们根据海南岛高温烈日的特点，用经过太阳晒干的海滩泥沙浇上海水过滤，制成含高盐分的卤水，再将卤水倒在石槽内，经暴晒制作成盐巴。就这样他们以日为火，以石为锅，改变了历代”煮海为盐”的方法，开创了“日晒制盐”的先河，扎根于此，为后世留下了重要的千年古盐田盐业遗产。

千年古盐田地处儋州市，三面环海，是一个平静悠闲的天然海湾。走进盐田，首先映入眼帘的是海湾滩涂上散落着的大大小小的石槽，似天女散花，又如棋局般迷人。走近细观，更似一方方奇形多姿的“端砚”。千百年来盐丁们一直守着这些“砚台”，追随太阳的身影“朝阳出去夕阳还”，年复一年地传承着古老的砚式盐槽晒盐制盐技艺。这里的盐制成要经过蓄海水－湮盐田－茅草过滤－石板晒－收盐等几道工序。

盐田依海而兴，盐田“种”出的海盐是人类最早从

儋州的千年古盐田（杨福孙/摄）

海洋中提取的矿物质之一。海盐是海洋生态系统给人类的馈赠。我国的海盐生产能力分布在我国沿海辽宁、山东、河北、天津、江苏、浙江、福建、广东、广西、海南等省份，由于滩涂和气象等条件的差异，北方沿海地区集中了绝大部分海盐生产能力。2009年，全国共生产海盐3499.05万吨，其中，北方海盐区5个省份的海盐产量是3390万吨，占全部海盐产量的96.87%，南方海盐区5个省份的海盐产量只有109.05万吨，占全部海盐产量的3.13%。海洋盐业产品主要为食用盐和工业用盐，其中，工业用盐占全国盐需求总量的80%以上。

盐是赫赫有名的“化学工业之母”，它可以用来提炼出许多有用的化工产品，化学工业则是国民经济的基础产业。全世界用于生产最基本的化学工业产品——三酸两碱，以及用于生产钠碱、氯和氯的衍生物等80多种基本化工产品所用的盐，占全世界总盐消耗量的60%以上。离开了盐，纯碱、盐酸、化肥、塑料等化学工业根本无法进行生产，涂料、皮革、造纸、钢铁等许多行业也会出现困难。可以毫不夸张地说，盐业的发达与否，是一个国家工业发展与否的重要标志。可见，盐是大海赐予人类的一笔巨大财富。

包括滨海湿地在内的海洋生态系统给予人类的产品多种多样，这是滨海湿地生态系统供给功能的具体体现，海盐仅是众多产品中的一类。古代社会煮海为盐、日晒制盐，现代科技合二为一，将海水淡化与海盐生产有机结合，不仅向海要盐，也向海洋索取淡水，同时降低高盐海水直接排放可能造成的生态影响，减少海水制盐的能耗和成本。

在“碳达峰”“碳中和”目标下，海洋可再生能源的利用将进一步扩展，海洋潮汐能、波浪能、潮流能、温差能等这些都将成为海洋生态系统向人类提供的生态产品。氢气作为没有二氧化碳排放的清洁能源，也将日益受到社会各界的重视。如果能够用可再生能源提供动力，由海水制氢，并由氢部分替代现有能源结构，则可大大缓解碳排放。海盐、淡水、氢气都是海洋生态系统为人类提供的化学资源。

滨海湿地生态系统还可以为人类提供更加丰富的生存、生活和生产资料。我们餐桌上常见的大黄鱼、鲈鱼、南美白对虾、斑节对虾、牡蛎、鲍鱼、文蛤、蛏子等海鲜，多数都是来自浅海养殖或滩涂养殖。2014—2020年，我国海水养殖的产量逐步增高，2020年海水养殖产品产量2135.31万吨，2014年海水养殖占水产养殖的比例为38%左右，截至2020年海水养殖占比已超过40%。根据《中国渔业统计年鉴》，2020年中国海水养殖产量主要集中在贝类，年产1480.08万吨，占比达69.31%，依次主要分布在辽宁、福建、山东；其次是藻类，年产261.51万吨，占比达12.25%，依次主要分布在福建、山东、辽宁。滨海湿地生态系统既为我国的海水养殖提供了空间资源，也为中国乃至世界人民的餐桌提供了丰富的高质量蛋白。各种美味的海产品都是海洋生态系统为人类提供的生物资源。

当您徜徉在儋州古盐田旁边的海鲜排档，与朋友一起品尝盐焗琵琶虾、盐焗蛏子、盐烤秋刀鱼时，当您凝望古朴盐道上的千年铭刻、盐田里灰黑色的盐槽和滩涂上沧桑的舢板船时，千年的古盐田已经转化为海洋生态系统文化服务功能实现的载体，传承着千年古韵，在海风中为您吟唱着古老歌谣。

（执笔人：曾江宁）

洄游驿站
——保护江海洄游鱼类的河口湿地

河口湿地生态系统是咸淡水交汇、陆海邻接的交错区，具有独特的结构与功能。我国河口湿地类型齐全、丰富，其中，长江口是中国第一大河流入海口，拥有丰富的湿地资源，是长江流域生物多样性最丰富、生产力最高和最具生态价值的自然景观类型之一，也是多种鱼类周期性溯河和降海洄游的必经通道。

什么是洄游呢？洄游是指鱼类因生理要求、遗传和外界环境因素等影响，周期性地定向往返移动。这是鱼类在长期进化过程中自然选择的结果，有产卵洄游（或称生殖洄游）、索饵洄游和越冬洄游（也称季节性洄游），其中，产卵洄游能使种群更好地繁衍后代，索饵洄游和越冬洄游能使种群获得更有利的生存条件。按照鱼类生存的生态环境分类，有海洋鱼类洄游、淡水鱼类洄游、降海性鱼类洄游、溯河性鱼类洄游。海洋鱼类完全在海洋中生活和洄游，淡水鱼类则完全在内陆水域中生活和洄游，降海性鱼类绝大部分时间生活在淡水里而洄游至海中繁殖，溯河性鱼类绝大部分时间生活在海水当中，因为繁殖产卵而洄游到江水，后两种也被统称为江海洄游性鱼类，中华鲟就是江海洄游性鱼类的代表物种。

中华鲟作为地球上现存的最古老脊椎动物之一，被称为“活化石”“水中大熊猫”，是国家一级保护野生动物。中华鲟常见个体硕大，最大个体体长可达4米，体重超700千克，是长江中最大的鱼，故有“长江鱼王”之称。其身体呈纺锤形，头尖吻长，生活于大江和近海中，主要以一些小型的或行动迟缓的底栖动物为食，具有洄游性或半洄游性，是大型江海洄游性鱼类。

每年夏季即将性成熟的成年中华鲟会群集于河口，在此进行索饵，为之后洄游到长江上游产卵准备充足的营养，秋季开始溯江而上，待第二年秋季上溯至产卵场，进行自然繁殖。成鱼在繁殖期逆流而上的旅程，能帮助其完成脂肪的转化和性腺成熟，旅程越长，性腺成熟度越高。待其到产卵场之后，母鲟开始产卵，产卵量很大，一条母鲟一次可产几十万至上百万粒鱼子，但是成活率不高，最后成鱼的是少数，这是因为在长江动荡的水中，鱼卵自然受精率较低且受精卵也会遭遇各种“意外”损失。待受精卵孵育成幼鱼，成鱼会和幼鱼一同长途跋涉返回大海。第三年4月底，它们陆续到达长江口，幼鱼会在河口江段索饵、藏匿、栖息一段时间，藏匿避害，索饵成长，然后于7月下旬开始陆续离开长江口滩涂，进入长江口浅海区域生活。在海洋中生活10~15年，待其初次性成熟时，凭借“印痕行为”再次回到长江口，循环往复。

中华鲟的一生离不开长江口，这是成鱼由大海进入长江进行繁殖的唯一通道。每年秋季，成鱼们经此摄取足够的营养能量储备，在整个洄游过程中，成鱼们滴食不进，全靠自身的储备维系畅游长江的体力，并供给性腺发育成熟，所以在此区域的营养能量储备尤为重要。对于幼鱼，长江口是中华鲟幼鱼进入海洋前的关键索饵场，它们要在长江口生活半年完成入海前的准备——调整机体渗透压并完成相关组织器官的适应性发育。长江口在中华鲟生活史中的地位尤为重要，这也是河口湿地被称为江海性洄游鱼类“驿站”的原因。

鱼类的洄游，丰富了河口生境的生命气息，延续了其千万年的基因信息，保障了河口生物多样性的维持。然而，随着人类开发自然进程的加快，比如，人工围滩造地强度不断加大、渔业资源的过度捕捞、全球变化和海平面上升的影响等原因，长江口的环境遭到严重破坏，湿地也有了一定程度的退化。此外，“洄游驿站”的消失以及长江上游修建大坝阻挡洄游通道，给中华鲟的生存带来了极大的威胁，中华鲟自然种群规模急剧缩小，曾在黄河、长江、珠江中被发现的中华鲟，从20世纪末开始，就只有长江有记录了，之后中华鲟从长江上游三峡大坝上方消失，仅分布于长江中下游及黄东海沿岸。随着种群数量的不断减少，中华鲟于1988年被列为国家一级保护野生动物，于1997年被列入《濒危野生动植物种国际贸易公约》（CITES）附录Ⅱ保护物种，于2010年被世界自然保护联盟（IUCN）升级为极危级（CR）保护物种。因此，“保护中华鲟”迫在眉睫!

在我国，保护中华鲟，从政府到社会都已开始发力：2015年，农业部正式发布了《中华鲟拯救行动计划（2015—2030）》，推动从了解中华鲟开始的各项保护措施。随着“长江大保护”战略的逐步实施，“十年禁渔”计划、《中华人民共和国长江保护法》等都为中华鲟在长江里度过生活史的重要阶段带来了希望。另外，我国还设立了3个中华鲟保护区，即上海市长江口中华鲟自然保护区、湖北省宜昌市中华鲟自然保护区、江苏省东台市中华鲟自然保护区，旨在就地保护长江鱼王“中华鲟”，其中，上海市长江口中华鲟自然保护区是世界上最大的河口湿地之一。

河口湿地是最富生物多样性和最重要的生态环境之一，是极为宝贵的自然资源。对于江海洄游性鱼类来说，河口则是它们洄游过程中适应海水与江水变化的良好“驿站”，是其生活史中不可或缺的重要部分。长江“十年禁渔”，以及在长江口将禁渔区域东扩到东经122°15′，在很大程度上为往返于江海间的中华鲟、鲥鱼、凤鲚、鳗鲡提供了生存保障。保护河口湿地对于保护江海洄游性鱼类、维护生物多样性、走向生态文明新时代、建设美丽中国有

江海洄游的中华鲟—中华鲟极限明信片（曾江宁/供）

河口湿地为洄游生物提供着栖息与索饵空间（李丹/摄）

着重大意义！

未来需要从各个方面采取有效措施，保护江海洄游性鱼类，全面加强河口湿地及其生物多样性保护，维护河口湿地生态系统的生态特性和基本生态功能，平衡河口湿地资源保护与利用，逐渐实现湿地资源的永续利用，促进河口湿地的进一步健康发展。

（执笔人：李洁）

滨海湿地如画，色彩斑斓；滨海湿地如歌，林幽禽鸣；滨海湿地如诗，灵秀飘逸。陆海交错，物种在这里隔离与融合；潮汐起落，生命在这里生长与繁衍。阳光滩涂上弹涂鱼的约会舞蹈，满月潮水中沙蚕的疯狂婚舞，晨曦沐浴下丹顶鹤的曼妙舞姿，都诉说着滨海湿地的爱情故事。滨海湿地，有珊瑚的五彩斑斓，有海百合的婀娜多姿，有贝藻的万千形态。本篇借斑海豹、中华凤头燕鸥、绿海龟、弹涂鱼几种明星生物和贝藻群落，展示它们不同类型的滨海湿地栖息地。

万类霜天竞自由
——生物多样

斑海豹最南端的繁殖地是否会成为历史
——辽东湾

辽东湾的滨海湿地中，由“海上大熊猫”代言的大连斑海豹湿地，是2001年列入的国际重要湿地，主要有浅海水域、岩石性海岸、潮间沙石海滩。辽东湾是西太平洋斑海豹在中国海域内唯一的繁殖区。

西太平洋斑海豹（*Phoca largha*，以下简称斑海豹），别名大齿斑海豹，因珍稀被称为“海上大熊猫”，属于鳍足动物，憨态可掬，主要生活在北半球的西北太平洋及其沿岸与岛屿，楚科奇海、白令海、鄂霍次克海、日本海和中国的渤海、黄海北部均有分布。而渤海和黄海北部是世界上纬度最低的结冰海域，也是斑海豹在全球最南端的繁殖地。

近年来，地球的水圈和生物圈受气候变暖作用强烈，北半球的滨海湿地也不能幸免，特别是潮间带，周期性地暴露于空气中。气温升高的危害直接导致部分潮间带生物死亡。那么，西太平洋斑海豹是否仍会每年冬季如期地回到辽宁斑海豹国家自然保护区的浅海水域？是否因为厌恶热水而不再光顾曾经的湿地家园？大连斑海豹国家级自然保护区是否会沦落为“历史上”的斑海豹生境区，而难觅斑海豹真身?

带着这些疑问，我们去看看辽宁的斑海豹湿地家园。我国于1992年在辽东半岛南端设立的斑海豹国家级自然保护区，包括大连市西部沿岸、海域以及70多个岛屿。在辽东湾北侧，双台子河口国家级自然保护区也有斑海豹的萌萌身影。两个保护区所在地区冬季受冷空气影响，天气寒冷，常有强冷空气作用，经常性的大风和寒潮天气使海湾内冬季结冰期长达3~4个月，可以从每年11月中下旬一直持续到翌年3月中旬。而斑海豹在冬季生殖，属冰上产崽类型的冷水性海洋哺乳动物，产崽期与辽东湾的结冰期和开冻期有密切关系。保护区的天然气候与生境，配合辽东湾海域丰富的渔业资源，为斑海豹提供了最南端的繁殖地。

每年11月，大批斑海豹穿越渤海海峡，从韩国的白翎岛及西太平洋陆续进入辽东湾觅食和繁殖。多年观测表明，辽东湾的斑海豹繁殖场位于北纬40°10′~40°45′、东经121°15′~122°的浮冰区。冰面是雌海豹的安全繁殖地点。雌海豹产崽前，会在浮冰上挖掘出一个巢穴，产崽时爬上浮冰，躲在巢穴中分娩。辽东湾繁殖区的斑海豹产崽期从1月初开始，最晚至2月下旬，分娩时间比西太平洋北部的其他7个繁殖区的斑海豹要早。幼崽初生时全身披着白色胎毛，海冰是其天然保护色。翌年2月或3月海冰融化后，当年生的斑海豹幼崽就会分散在渤海各湾觅食育肥，部分成年斑海豹在辽东湾北部的辽河口栖息换毛；另有一部分成年斑海豹在大连渤海海域的虎平岛、蚂蚁岛礁滩栖息换毛。天气转暖，斑海豹开始向北部凉爽的海域洄游，至5月中下旬，渤海海域能观测到的斑海豹逐渐减

滨海湿地中沐浴阳光的西太平洋斑海豹（陈建伟/摄）

少，斑海豹种群逐渐向黄海北部迁徙，部分斑海豹会绕过朝鲜海峡继续游向凉爽的西北太平洋的北方海域。

斑海豹是唯一能在中国海域进行繁殖的鳍足类海洋哺乳动物，渤海辽东湾结冰区是世界上斑海豹八个繁殖区中最南端的一个。遗传学和生态学研究显示，辽东湾繁殖区的斑海豹与世界上其他繁殖区的斑海豹缺乏遗传基因交流，并存在生殖隔离，有独特的遗传基因，在保护上具有重要意义。为加强对斑海豹的保护，2017年，我国农业部对外公布了《斑海豹保护行动计划（2017—2026

年）》，制定了2017—2026年斑海豹保护行动措施。2021年，《国家重点保护野生动物名录》将斑海豹升级为国家一级保护野生动物，同时更名为西太平洋斑海豹。我国滨海湿地中的大连斑海豹国家级自然保护区、山东省庙岛群岛省级斑海豹自然保护区，对斑海豹及其生境的保护都发挥了重要作用。

联合国政府间气候变化专门委员会（IPCC）第六次气候评估报告指出，全球温升水平已达到1.09℃，超出温度的自然变率，导致北半球气象灾害频发。持续的增暖将加速多年冻土的融化，造成季节性积雪的消失、冰川和雪盖的融化，以及夏季北极海冰的减少。科学家通过遥感手段观测到自1979年以来，北极海冰的覆盖范围已缩小了40%，尤其是夏季，楚科奇海海冰加速融化和北退。北极海冰融化加剧，海冰变薄，斑海豹的天敌——北极熊，由于体重超出冰面的承载力，只能游得比以往更远去猎食海豹。这种变化，对于生活在北极楚科奇海和白令海的斑海豹是幸运的，因为它们有可能逃避北极熊的捕食，但海冰的融化也缩小了斑海豹繁殖的适宜生境。

如果地球持续升温，渤海湾的冬季不再寒冷，辽东半岛的海冰将难以维持数月，甚至消退，洄游到渤海湾的斑海豹找不到适宜的冰区繁殖产崽，或许真的不再光顾。萌萌可爱的白色小海豹、憨态可掬的成年海豹，都将成为渤海湾的历史回忆，大连斑海豹国家级自然保护区的国际重要湿地名号也将名不副实。

（执笔人：曾江宁）

弹涂鱼的建筑大舞台
——杭州湾滩涂湿地

2021年，中国第三次“最值得关注的十块滨海湿地”评选活动中，位于宁波前湾新区的杭州湾滨海湿地入选。该活动由中国科学院地理科学与资源研究所、北京市企业家环保基金会和红树林基金联合发起，由光明日报客户端提供媒体支持。杭州湾滨海湿地成功入选的理由是：生态区位十分重要，是我国滨海湿地的南北过渡带，代表了中北亚热带过渡带湿地类型的动植物区系；地处东亚－澳大利西亚候鸟迁飞区的中端，是迁徙雁鸭类和鸻鹬类的重要停歇栖息地和越冬地；围垦、环境污染、人为活动干扰、保护管理缺乏等问题导致湿地面临着巨大的威胁，值得关注；生态文明建设的加强、科研监测的长期坚持、保护管理的实施以及公众的参与为杭州湾滨海湿地的未来提供了良好的契机。

杭州湾滨海湿地为钱塘江入海的河口湾，是浙江省滩涂湿地分布最主要的区域。杭州湾滩涂湿地在维持杭州湾水域生态系统稳定和保护生物多样性等方面具有重要作用。滩涂湿地上盐沼植物、底栖藻类等多样的初级生产者，底栖生物，昆虫等，可为许多游泳动物和鸟类提供丰富的食物资源，支撑着河口及滨海水生食物网。

落潮时的杭州湾滩涂上，赶海的人经常会看到这样的奇特景观：一尾尾小鱼在海滩上扭动着身体跳跃，或用一对有力的胸鳍支撑身体，从容不迫地在泥水中行走，这就是弹涂鱼（*Periophthalmus modestus*），虾虎鱼科弹涂鱼属，俗名“跳跳鱼”，属于滩涂定居性鱼类。同样的场景，热带、亚热带海边的淤泥质滩涂上，远观经常可见。广泛分布于杭州湾滩涂湿地的弹涂鱼类，作为滩涂定居生物，既是许多鱼类、虾蟹和其他各类肉食动物的捕食对象，也是候鸟迁徙路线上重要的食物来源之一。

弹涂鱼为杂食性鱼类，主要是以浮游动物、昆虫及其他无脊椎动物为食，兼顾摄食底栖硅藻、蓝藻和绿藻。退潮后的浅滩和流水形成的水渠两侧，堆积了大量的藻类等食物，特别有利于弹涂鱼觅食，杭州湾滨海湿地宽广的淤泥质滩涂从而成为弹涂鱼适宜生存的栖息地。

弹涂鱼善于跳跃爬行，通常偏爱泥滩或柔软底质的栖息地，穴居生活，是具有很强陆生能力的滩涂定居鱼类。弹涂鱼怎么可以在海滩上脱离水上岸呢？原来，弹涂鱼同其他鱼类一样也是用鳃呼吸，上了岸就需要像人类潜水一样带上氧气筒。弹涂鱼类在生理、形态和行为等方面进化出多种方式来适应这种特殊环境，其鳃盖结构由皮膜与皮肤相连，后面皮膜延长并有出水孔，鱼体离水时，出水孔封闭，鳃腔内包含着一定量的水和空气，使鳃保持湿润，以利呼吸。它们的皮肤和尾巴可以作为呼吸辅助器，只要保持身体湿润，就能露出水面生活很长时间。有了这些特殊的构造，弹涂鱼就能在陆地上停留很长时间。

弹涂鱼是海洋中的小体型鱼类，在弱肉强食的大海中，优势乏善可陈，为了躲避海洋生物竞争和捕食，3亿年来，由海洋慢慢向陆地进化，经过不懈努力弹涂鱼终于成功地爬上了滩涂。在涨潮时，弹涂鱼类是海洋生物可获得的捕食对象。有文献报道，弹涂鱼类可被海蛇、鲶鱼和石鱼等捕食。因此，在高潮时，弹涂鱼类通常不进行摄食，而是进入泥滩在自己营造的洞穴中躲避敌害。低潮潮滩暴露时，弹涂鱼类通常会活跃地进行摄食活动。不过，此时，机动性极强的鸟儿又会伺机而动，前来捕食。弹涂鱼要靠自己敏锐的警觉性随时逃入滩涂中的洞穴。

弹涂鱼为了躲避各方来敌，练就了在海滩上建造洞穴的超强本领，常常在河口、港湾区域以及沿岸岛屿附近的浅滩和滩涂区营造洞穴。洞穴一般呈“Y”字形，上半部分是洞穴的进口，其中一个是主用通道，另一个是备用通道，最底部则是弹涂鱼的栖息场所。一有风吹草动，弹涂鱼便躲进洞去，待风平浪静时，再探出头来，用长在脑袋顶上的一对大眼珠子四处张望。弹涂鱼的眼睛长在头顶上，是因为它的眼珠可以自由转动，扩大视野，方便捕食和躲避敌害。弹涂鱼的洞穴同样存在危险——容易缺氧。这时，弹涂鱼会不断地吞食空气，将其注入洞穴中，建造地下空气包，缓解氧气不足的状况。弹涂鱼的建穴、输氧为淤泥质的滩涂营造了良好的“通风”系统，对于提高滩涂底泥含氧量有着莫大好处，其他好氧微生物、底栖生物都会因此而受益。

弹涂鱼建造的洞穴也是其繁衍后代的重要场所。每年5~9月是弹涂鱼的繁殖季节，雄性弹涂鱼会在自己的洞穴附近进行求偶活动。弹涂鱼的求偶行为，一般在水外进行，通过展示自己的鳍和体色来吸引异性，但只有在求偶的时候，才会竖起背鳍并显露出缤纷的色彩。然而，在平坦的沼泽地里，它的背鳍并不容易被远处的雌鱼所发现，因此还会借助尾部拍击地面而实现高空飞跃。雌性弹涂鱼接收到雄鱼的信号往往会缓慢向雄鱼靠近，雄鱼看到雌鱼进入自己洞穴附近就会快速地跳到雌鱼身边，开始绕圈扭曲身体，不断地以身体侧面朝向雌性，并张大嘴向雌鱼示爱，同时也不忘继续展示它漂亮的背鳍。若雌鱼受到雄鱼的吸引，就会跟雄鱼进入洞穴中交配产卵。受精卵上具有附着的细丝，能悬吊在洞内以防被潮水冲走。

作为滩涂湿地上的建筑大师，弹涂鱼通过营造洞穴、捕食与被捕食，影响着滩涂湿地食物网物质循环和能量流动。因此，滩涂鱼在维系健康的滩涂湿地生态系统中具有重要作用，其种群的结构和动态变化直接反映了滩涂湿地生态系统的稳定性和健康状况。

地处杭州湾南岸庵东滩涂的宁波前湾新区生态海岸带，作为先行示范段之一，正在为浙江全省生态海岸带示范建设提供模式路径发挥着引领推动作用。该段生态海岸带的重要组成部分——杭州湾国家湿地公园，自2016年以来，先后获评“浙江省科普教育基地”“浙江最美湿地”“摄影教学实践基地”“浙江省自然教育基地”“中国最值得关注的十块滨海湿地”。杭州湾滩涂湿地的生态价值，也将随着淤泥质滩涂蓝碳碳汇的挖掘而进一步呈现于世人。

（执笔人：陈斌、曾江宁）

中华凤头燕鸥的新驿站
——韭山列岛滨海湿地

舟山群岛的最南端，象山半岛东部，隔着牛鼻山水道，分布着由78处岛礁构成的海岛型滨海湿地，这就是韭山列岛。这片列岛位于浙江中部，归属宁波市象山县管辖，如今这里已经建设成为韭山列岛国家级海洋生态自然保护区。

保护区内生活着一种被称之为“神话之鸟”的世界极度濒危鸟类——中华凤头燕鸥（*Thalasseus bernsteini*）。在研究人员和保护区多年的努力下，象山县韭山列岛已经成为全球最大的中华凤头燕鸥孵化繁殖地。

中华凤头燕鸥被《世界自然保护联盟濒危物种红色名录》列为极危物种，以前中国的鸟类学家根据它的形态特征取名为“黑嘴端凤头燕鸥”。过去因为数量稀少，鲜为人见，几度被怀疑灭绝，在鸟类学界享有“神话之鸟”的美名，直至2000年在福建马祖列岛被重新发现。2004年，浙江自然博物馆科研团队在象山县韭山列岛也发现了它的踪迹。2021年，《国家重点保护野生动物名录》将其列为国家一级保护野生动物，并更名为“中华凤头燕鸥”。

为了能让中华凤头燕鸥长期地在韭山列岛经停、繁殖，政府多个部门携手多学科的科研人员对韭山列岛及其周边海域生态系统进行了详细研究。并且，宁波市人民代表大会、浙江省人民代表大会2006年就通过和批准了《宁波市韭山列岛海洋生态自然保护区条例》，2017年，根据多年的保护工作实践，又对该条例进行了更严格的细化。从2004年至2022年的18年里，在科研团队、保护区和社会各界的共同努力下，通过严格的保护，中华凤头燕鸥的种群数量稳定增长，目前全球的种群数量已从2010年的不到50只增加到超过150只，暂时脱离了灭绝的危险。在科学与管理的双重推动下，韭山列岛滨海湿地正逐渐成为中华凤头燕鸥迁徙之路的新选择。

韭山列岛国家级海洋生态自然保护区2013年启动了持续的中华凤头燕鸥人工招引和恢复监测，自项目开始以来，保护区每年有近5000只国家二级保护野生动物大凤头燕鸥，和数十只中华凤头燕鸥到此繁衍生息。连续九年的招引保育，韭山列岛铁墩屿已成功孵化繁殖出百余只中华凤头燕鸥雏鸟。

韭山列岛周边海域良好的生物多样性和丰富的渔业资源吸引着南北迁徙的鸟群。每年春夏的4月到8月，中华凤头燕鸥混杂在大凤头燕鸥中，成群结队来到象山县韭山列岛国家级海洋生态自然保护区孵化育雏，随后带领幼鸟一路向南，寻找合适的越冬地，并于翌年春天启程返回象山，如此循环往复。4～8月是中华凤头燕鸥种群的招引繁殖期。营养丰富的长江冲淡水和台湾暖流，加之韭山列岛附近海域的上升流，给韭山列岛滨海湿地带来了丰富的生物类群，又有浙江近年来严格的伏季休渔制度作保障，保护区已经成为鸟类天然的“育婴房”和“摇篮”。同时，保护区方面不断完善驻岛的软硬件设施及相关监测设备，修整扩大招引保育场地，在铁墩屿周边海域进行24小时全天候管护，为中华凤头燕鸥栖息繁殖创造良好条件。韭山列岛这块中华凤头燕鸥的历史繁殖地正在逐步复兴，并且有辐射到舟山群岛其他海岛的迹象。

2021年，驻岛观测记录到中华凤头燕鸥成鸟最多达84只，创下了全世界该鸟种一次观测数量的新纪录，并成功繁殖中华凤头燕鸥幼鸟22只。2022年6月，有32只中华凤头燕鸥在象山韭山列岛破壳，预计后续数据很可能再次被刷新。从2022年4月20日入岛监测以来，落于铁墩屿招引保育场的中华凤头燕鸥成鸟数量最多时达到

盘踞在岛礁上空的燕鸥群体（陈斌/摄）

93只，再创新纪录。两项世界纪录的刷新意味着中华凤头燕鸥种群数量恢复的希望。

为了更好地守护“神话之鸟”，每年的燕鸥繁殖季（4~8月），浙江自然博物馆和象山县韭山列岛国家级海洋生态自然保护区都会派监测志愿者驻岛观察、监测，守护繁殖的中华凤头燕鸥，每组监测员可以当2个月的“岛主”。监测团队2021年6月在铁墩屿为10只大凤头燕鸥成鸟佩戴了卫星跟踪器，至2022年5月有8只仍保持信号传输。大凤头燕鸥与中华凤头燕鸥是近亲，两者混群生活，所以关于大凤头燕鸥的迁徙研究成果，对于中华凤头燕鸥有一定的参考价值。而且，在大凤头燕鸥身上成功佩戴卫星跟踪器，可以为下一步在中华凤头燕鸥身上佩戴提供经验。相信不远的未来，我们可以逐步绘出中华凤头燕鸥一生的线路图。它们从哪里来，路过哪里，终有一天会全景式地呈现在我们面前。

韭山列岛滨海湿地作为“神话之鸟”的新驿站，也是众多生命共同的家园。保护区除了中华凤头燕鸥之外，主要保护对象还有大黄鱼、长江江豚以及各种海鸟。近年来，保护成效显著，象山县非山列岛国家级海洋生态自然保护区已经陆续出现白嘴端凤头燕鸥、小凤头燕鸥等其他鸟类。鱼鸥翔集、江豚逐波，韭山列岛滨海湿地和生活在这里的物种已经共同形成和谐平衡的海洋岛礁生态系统。

（执笔人：陈斌）

海洋生物基因银行——南麂列岛贝藻王国

南麂列岛位于浙江省温州市东南海域，距鳌江港约56千米，陆域面积11.3平方千米，拥有大小岛屿52个。这里风光旖旎，被誉为“碧海仙山”和“东海明珠”。它因形似奔跑的麂鹿而得名，以碧蓝的海水、深邃的港湾、峭立的岬角、奇特的礁石著称。南麂列岛不仅拥有独具魅力的自然风光、近乎原始的海岛生态美，更在我国海洋生物多样性方面拥有举足轻重的地位。

南麂列岛海洋生物种类繁多，截至2022年已发现2155种，其中，大型藻类186种、微小型藻类539种、纤毛虫原生动物72种，贝类422种、甲壳类350种、鱼类393种和其他海洋生物193种。最引人注目的是，南麂列岛的海洋贝类、藻类资源特别丰富，具有很好的生物多样性、代表性和稀缺性。这里的贝藻种数约占全国贝藻总数的15%和25%、浙江贝藻总数的80%。更为神奇的是，南麂列岛是中国贝藻种类交汇的“十字路口”，中国约30%的贝藻种类以南麂列岛海域为沿海分布的北界和南界。也就是说，从南麂列岛再往南一点点，数百种贝类藻类无从找寻，再往北一点，也有数百种贝类藻类匿迹。

南麂列岛的贝藻生物群落（曾江宁/摄）

此外，还有许多珍稀贝藻种类宛如“沧海遗珠”藏身于南麂列岛。黑叶马尾藻、头状马尾藻和浙江褐茸藻，均是发现于此的世界大型海藻新种。目前，36种贝类在中国沿岸仅见于南麂海域或首次在南麂被发现，还有22种大型藻类被列为稀有种。因此，南麂列岛被誉为海洋贝藻基因库和天然博物馆，是名副其实的“贝藻王国”。

为什么贝藻钟情于南麂列岛？首先，南麂列岛具有特殊的地理区位。它处于台湾暖流和江浙沿岸流的交汇处，流系复杂、锋面发达，终年海水清澈，这决定了其贝藻生物不仅种类繁多，而且区系复杂。南麂列岛既有在全国沿岸常见的广温和广布贝藻种类，又有由黄海冷水团带到浙江沿岸的少数暖温带贝藻种类。同时，由于该海域受台湾

南麂列岛的贝藻生物群落（曾江宁/摄）

暖流的影响和控制，南麂列岛也分布有较多的热带种类，甚至过去只发现于海南岛南端和西沙群岛的典型热带贝藻种也出现在这一海域。此前，这些种类尚未在福建沿海发现，从而形成明显的“断裂分布”现象。当然，亚热带种类是南麂列岛贝类组成的最主要成分。据初步统计，南麂列岛海域发现的物种总数中，东海和南海常见的热带种占50%、广温和广布种占40%，主要分布于渤海、黄海和东海北部的寒带和寒温带种占5%，主要分布于南海的热带种占5%。这样一来，我国南北海域的贝类在南麂列岛几乎都可找到代表种。这种热带、亚热带、温带和寒温带多种不同温度性质的贝类并存现象，不但在国内独一无二，在国际上也十分罕见。

其次，南麂列岛具有外海性岛屿的景观特征，自然景观丰富，拥有沙滩、岬角、峡谷、海蚀等多种地貌类型，为海洋生物提供了多样化的生境类型。此外，南麂列岛的自然草地和灌木林地等原生生境占绝对优势，岛上土地利用开发强度不大，也有利于生物多样性保护和丰富多彩的地貌景观保留。

南麂列岛拥有如此珍贵的生物基因资源，值得全人类好好珍惜。2005年，时任浙江省委书记的习近平同志视察南麂列岛时指出："南麂是一个宝岛，南麂自然保护区是浙江省唯一[①]的国家级海洋类型自然保护区，这里拥有得天独厚的自然景观和丰富多样的海洋生物资源，具有重要的科学和生态价值，一定要高度重视这里的生态环境，把生物多样性保护好。"

为了守护南麂列岛的生物多样性，保护区携手社会各界一直在行动。如今，南麂列岛获得多张生态保护金名片：国务院批准的首批5个国家级海洋生态自然保护区之一；我国最早加入世界生物圈保护区网络的海洋类型保护区，我国目前唯一的岛屿类型世界生物圈保护区网络成员；联合国环境开发署生物多样化示范保护区；我国唯一列入《中国21世纪议程》的"保护与开发协调发展的实验岛"。因其在国际、国内海洋保护领域的重要地位，南麂列岛被IUCN列为"中国南部沿海生物多样性管理项目"示范区。

目前，南麂列岛国家级海洋生态自然保护区划分为核心区、缓冲区、实验区。其中，核心区以保护海洋生态系统与珍稀特有物种为目的，在自然状态下演变和繁衍，保

① 浙江省海洋生态保护工作持续获得成绩，2011年4月，国务院批准韭山列岛升级为国家级海洋生态自然保护区。

持其生态系统和物种不受人为干扰；缓冲区则通过缓解外界压力来保护核心区；在有效保护的前提下，实验区可适当开展资源利用、生态旅游、科普教育和设施建设等活动。

南麂列岛不仅是研究海洋贝藻的重要基地，还是远近闻名的科普基地，每年接待参观考察人数均在万人以上，开展了形式多样的各类科普宣教活动。为了避免南麂列岛过多地受到人类活动干扰，保护区在科学论证的基础上，将游客人数控制在生态承载力之内。旅游旺季时，严格限制进岛人数，游客每天不超过1500人。

让我们加入到呵护南麂列岛海洋生物“基因银行”的行动中，为子孙后代有机会亲眼看到这个神奇的“贝藻王国”、体会到大自然的多彩魅力而努力！

（执笔人：肖溪、曾江宁）

大陆海岸线上的绿海龟产房
——惠东港口海龟国家级自然保护区

2022年5月21日，在“世界海龟日”（5月23日）前夕，位于广东省惠州市惠东县的惠东港口海龟国家级自然保护区举办了“人工繁育海龟野化后增殖放流”活动，工作人员将43只野化后的海龟放归大海。这是该保护区救助海龟、提升海龟保护效果的系列行动。

惠东港口的半月形海湾三面环山、南面濒海，被认为是我国陆地海岸线上海龟的最后一张产床，我国大陆唯一的、以保护国际濒危水生野生动物海龟为主的自然保护区——惠东港口国家级自然保护区就位于这里。

1992年，惠东港口海龟自然保护区建立，地处南海大亚湾与红海湾交界的大星山下的海湾岸滩，主要保护对象为海龟及其产卵繁殖地。保护区为沙质海底，水质清澈透明。海龟活动的主要岸滩环境幽静，为海龟的栖息繁殖创造了良好的条件。历史上，这里一直是海龟产卵的传统场所，因而被当地人称为“海龟湾”。每年5～11月，大量的绿海龟从太平洋洄游到这里产卵繁殖，景象壮观。

海龟是所有海产龟类的一个总称，是龟鳖动物的一个重要成员，全球现有海龟2科5属7种，分别为绿海龟、玳瑁、太平洋丽龟、蠵龟、大西洋丽龟和棱皮龟。我国海域发现5种，分别为绿海龟、玳瑁、蠵龟、太平洋丽龟和棱皮龟，现均为国家一级保护野生动物。同时，绿海龟也是全球分布最广的一种海龟，我国江苏、浙江、福建、台湾、广东等地的沿海地带都有发现，但以南海为多。不过，我国大陆沿岸仅发现有绿海龟的产卵场，即位于大亚湾内的惠东港口海龟国家级自然保护区。

海洋开发活动在一定程度上影响着海龟产卵的生境。

绿海龟（曾江宁/摄）

国内研究人员发现，近10年绿海龟数量正在急剧减少。海南岛和西沙群岛的实地调查结果表明，目前可能存在绿海龟繁殖栖息地的地点主要集中在西沙群岛的偏远岛屿，每年上岸产卵的海龟数量在几十只。规模都远小于位于大陆海岸线上的惠东港口海龟国家级自然保护区。

海龟的种群结构也在发生着巨大的变化。有资料记载，近年来，澳大利亚沙滩出生的雌龟数量逐年增加，雌性海龟的出生率竟高达99%，这是因为海龟的性别不是由染色体决定的，而是由温度决定的，随着全球变暖加剧，海龟的性别比也变得异常。绿海龟性别决定的临界温度在29.4～29.5℃，此时孵出稚龟的性别比约为1：1。当掩埋海龟卵的沙滩温度升高时，如海龟卵在30～35℃孵化，则大多数是雌性。

海龟对产卵的场地和时间都很挑剔。绿海龟登陆中国大陆岸线的季节恰恰也是台风登陆广东的多发季节。而在惠东港口海龟国家级自然保护区，7～8月则是绿海龟登陆最多的时期。每当夜深人静之时，绿海龟会趁着夜色悄无声息地爬上海滩。这些身背硬壳的大家伙胆子却很小，刚刚从海水里露出头来的龟妈妈们一开始会很慎重而紧张地东张西望，并借助自己灵敏的嗅觉来寻找空气中天敌散发出来的危险气味，确定一切正常后，才放下心来，慢慢腾腾爬上沙滩去探路。由于身形庞大，在绿海龟爬过的地方往往会留下一条1米多宽的足迹，好像坦克履带刚刚碾过。

为了确保未来龟宝宝们的安全，绿海龟妈妈往往会非常小心地将产卵地选在沙滩与野草交界的地方，因为这里隐蔽而且远离海水，可防止“水浸窝而内涝”。

绿海龟对筑巢点的选择考量主要包括沙滩状况、植被覆盖情况和人为干扰三个方面的因素。绿海龟更喜欢质地松软的，砂粒较小、盐分较少且湿润的平坦沙滩。每当海龟的产卵季节，绿海龟通常会爬过几十米不平整的沙滩，到达距离植被较近的海滩进行筑巢产卵，先用前肢挖一个大沙坑，把自己埋在坑里，然后再用后肢挖一个大约半米深的产卵坑。这时，一丝的风吹草动都会使海龟放弃产卵而立刻回到大海，但当它正在产蛋时，对外界的任何刺激都无动于衷。绿海龟一次产卵可达100枚左右。产卵后，绿海龟重新将沙坑埋好填平，然后再罩上一些伪装，但是履带型的足迹并不需要太多的伪装，因为这些沙滩上的足迹经历一次涨潮基本消失。

在自然环境下，海龟稚龟的成活率非常低，绿海龟只有不足1%的稚龟能够长到性成熟。海龟达到性成熟的时间非常漫长，绿海龟要20～30年，玳瑁30年，蠵龟则12～30年才能达到性成熟。海龟较长的性成熟周期使得其在遭受破坏后，很难恢复到原有的种群数量。刚孵化出的稚龟在爬向大海的过程中会遭到军舰鸟、海鸥等天敌的捕食，这也是影响海龟成活率的因素之一。成年绿海龟还会被肉食性的海洋生物捕食，例如，鲨鱼、章鱼都是它们的天敌。

全球变暖的影响已经通过海龟的性别失衡有所表现，如果全球升温得不到有效抑制，海龟的未来将会因为气温过高，雌龟比例进一步增大，导致种群结构失衡，甚至物种消失。

为了更好地保护海龟，由美国龟类救援组织（American Tortoise Rescue）于2000年发起，将每年的5月23日设定为“世界海龟日”，呼吁全球公众保护海龟。而为了遏制海龟物种的消失速度，科学家和生态保护工作者们一起在努力。

值得庆幸的是，2017年7月24日国内首例全人工繁殖产下的第一窝海龟宝宝在惠东港口海龟国家级自然保护区诞生，这标志着我国绿海龟人工繁殖取得圆满成功，填补了我国在绿海龟人工繁殖技术上的空白。自从这次绿海龟全人工繁殖成功后，惠东港口海龟国家级自然保护区已经连续5年成功诱导海龟产卵。

（执笔人：陈斌）

滨海湿地身份特殊，向陆，是海洋生态系统的防护网；向海，是陆地生态系统的护城墙。海洋时而温柔，潮汐潮流昼夜往复，轻抚海岸蚕食泥沙；时而暴躁，惊涛骇浪疯狂拍岸，破屋毁地。滨海湿地，顽强地横亘在海陆间，任风起云涌、风吹浪打，坚韧不拔，守护着陆地与海洋的生态安全。本篇由健康滨海湿地的指示生物水鸟引入，从防护林、生物礁展开，落脚于人类社会发展受益的和谐共生，以期向读者展示海岸带生态系统在气候调节、海岸防护中的生态功能与价值。

和谐共生展韧性
——生态屏障

陆海拉链——滨海湿地

鸟类迁徙补给站——黄（渤）海湿地

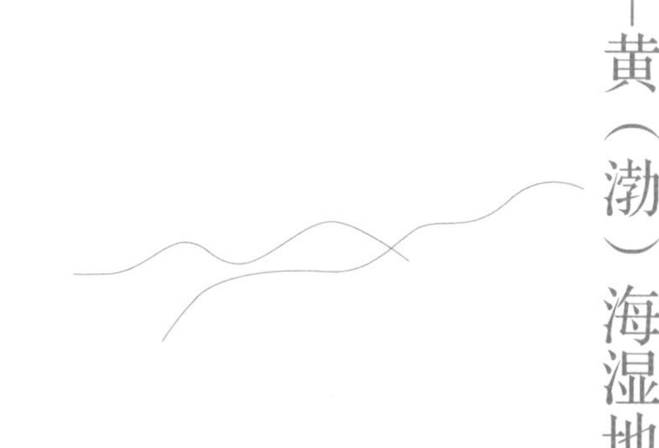

从古代文明中发现的“天空崇拜”再到现代人类对天空永不停歇地探索，我们自古以来就对天空充满了向往。人类喜欢仰望天空，每年春天和秋天，我们就会惊奇地望着成群结队、神秘莫测的旅客——候鸟当空飞过。经过亿万年的自然进化，候鸟形成了每年在繁殖地与越冬地之间沿相对固定路线往返迁徙的独特习性。

通常来讲，研究人员习惯将世界候鸟迁徙分成9条路线。从世界地图上看，自西向东，这九条迁徙路线是：大西洋东部迁徙路线、黑海－地中海迁徙路线、西亚－东非迁徙路线、中亚－印度迁徙路线、东亚－澳大利西亚迁徙路线、太平洋东部迁徙路线、密西西比迁徙路线、大西洋西部迁徙路线、环太平洋迁徙线。其中，东亚－澳大利西亚迁徙路线支撑的物种数量是全球所有迁飞区中最多的，超过250种。东亚－澳大利西亚迁徙路线跨越印度洋、北冰洋和太平洋，连接东亚和澳大利亚大陆，途经人口稠密、经济发达的地区，迁飞路程大约是14000千米，包括22个国家，从俄罗斯（远东地区）到美国阿拉斯加，一直（往南）到澳大利亚、新西兰等太平洋岛国。每年经

候鸟迁徙（韩广轩/摄）

由这条迁徙路线的5000多万只水鸟中大多数无法一次飞完整个迁徙行程，它们需要停歇在黄（渤）海滨海湿地觅食补给，储存足够的能量以供继续飞行至越冬地。

迁徙对于鸟类来说并没有想象中的诗意，它们要穿越云层、经历风雨，遭遇许多想象不到的困难。纪录片《鸟的迁徙》中曾这样描述："候鸟的迁徙是为生命而战。"从东亚到西伯利亚，从非洲到亚洲，从南半球到北半球，鸟类的迁徙跨越了国家、地区和种族，连接了人类的不同文明。迁徙鸟类与地球上不同生态系统、当地生物多样性和人类文化的时空关联，诠释了"地球生命共同体"的理念。

每年的春天与秋天，我们都能看到成群结队的鸟儿从天空中飞过，它们便是候鸟。候鸟大半的生命旅程都要在迁徙中度过。一方面，湿地是候鸟休息和补充营养的中转站和栖息地；另一方面，湿地中的一些动植物也是候鸟的食物。世界上很多湿地因为处在候鸟迁徙的必经路线上而成为自然保护区。鸟类拥有强大的飞行能力，可以快速、主动选择高质量且低风险的生活环境，因此鸟类被视为对栖息地质量和变化非常敏感的指示生物。“湿地好不好，鸟儿说了算”，其种类的多少可以直接反映湿地生态的质量，湿地之于鸟类如同衣食住行之于人类，爱护湿地就是爱护生命。

湿地生态将陆地、天空、水体连接在一起，因为湿地的种类繁多，以各种形态分布在地球陆地的各个地方，所以也成为各种陆地生态系统、海洋生态系统的联结点，成为多种陆地动物、水生动物和鸟类等的栖息地和驿站（图12）。对于各湿地来说，每年特定的时间都要迎接一部分候鸟再送走一部分候鸟。在候鸟到来的季节，湿地变得热闹非凡，生机勃勃，湿地为候鸟提供它们所必需的生存条件，候鸟的排泄物等也会为湿地带来营养物质的输入。而候鸟离开后，很多生活在湿地的两栖动物等也难觅踪迹，湿地变得空旷和寂寥，又恢复了昔日的平静。自然的湿地生态系统为那些旅行的鸟儿提供周到的饮食和差旅服务，成为候鸟停歇的最佳驿站。滨海湿地便是其中之一，是候鸟重要的中转站和补给地。

作为我国首个、全球第二个潮间带湿地世界自然遗产，黄（渤）海湿地有着全世界规模最大的潮间带滩涂。从生物意义和生态环境上来讲，它是濒危物种最多、受威胁程度最高的东亚－澳大利西亚候鸟迁徙路线的关键枢纽，为迁徙路线鸻鹬类候鸟至关重要的停歇地和营养补充

图12　湿地是多种生物的栖息地（杨姚/绘）

地点。在第43届世界遗产大会上，联合国教科文组织和世界遗产委员会审议通过将黄（渤）海海湾湿地列入了《世界遗产名录》，黄（渤）海候鸟栖息地成为我国的第54处世界遗产，这是为了保护珍稀鸟类物种的需求和需要，也非常符合保护黄（渤）海海湾和依赖黄（渤）海海湾的候鸟种群的最佳利益。这一遗产地位于东亚-澳大利西亚候鸟迁徙路线的中心位置，在跨国迁徙候鸟保护中发挥着不可替代的作用，每年有鹤类、雁鸭类和鸻鹬类等大批量多种类的候鸟选择在此停歇、越冬或繁殖。全球性极度濒危鸟类勺嘴鹬90%以上种群在此栖息，最多时全球

80%的丹顶鹤来此越冬。

过去50年，黄（渤）海湿地发生了显著的变化。极端气候事件，人类活动（围填海、水产养殖、水污染等），外来物种入侵等的加剧，使得黄（渤）海湿地退化、面积减少、鸟类食物来源不足，导致鸟类的数量出现明显下降，对迁徙水鸟的生存和发展构成了不同程度的威胁。根据世界自然保护联盟的调查报告显示，在全球总计9条候鸟迁徙线路中，东亚-澳大利西亚迁飞路线上受威胁的水鸟数量最多，并以每年5%~9%的速度锐减（极度濒危的勺嘴鹬每年减少26%），这在地球上任何一个生态系统中都是罕见的。如不采取有效措施，这条迁飞路线可能消亡。

东方白鹳育雏（魏思羽/摄）

优雅的东方白鹳（魏思羽/摄）

为了湿地能够成为鸟儿永久的栖息地，我们需要加强生态保护宣传教育，提升公众的生态意识；同时，需要监测鸟类种群和数量的动态变化，保障湿地生态环境良好；另外，需要扩大国际交流合作。但是更为最重要的是，要用我们每个人的行动，从小事做起，去推动栖息地的保护和生物多样性保护。

（执笔人：葛嘉欣、宋维民、韩广轩）

海岸侵蚀阻尼器——沿海防护林

在陆地与海洋的交界处，生长着一片奇妙而特殊的植物群落。它们常常沿着海岸线绵延数十里[①]，宛如一道“绿色长城”，能够将海上的风暴浪潮悉数消解。那么，看似平凡的森林是如何减轻或抵消这强大的破坏力的呢？其实，当海啸和台风等灾害来袭时，它们就像一张巨大的“网”，利用自身的“弹性”功能，缓冲和化解风暴浪潮带来的巨大冲击力，从而减弱海岸侵蚀的程度，延缓海岸侵蚀。海啸消退后，沿海防护林还能起到固堤护岸、保水护土和固碳释氧的作用。所以，我们可以称其为海岸侵蚀的“阻尼器”。

盐沼植被和红树林群落利用它们茂密的根茎系统消解风暴潮能量，植物冠层可以减缓波浪流速、减少湍流运动，地下部分的根系则可以通过稳定土壤基质来抑制波浪影响，减缓海岸侵蚀。50米宽的红树林带可以使1米高的波浪降低到0.3米以下，并且红树林内水流速度仅为附近潮沟的1/10。科学家们对2011年飓风“艾琳”过后海岸线社区的受灾情况进行调查，发现沿海居民常用的护岸板

① 1里=500米。以下同。

受损率超过了70%，而当地天然盐沼湿地的植被只有部分被破坏，并且第二年便得到恢复，有些地点的植被甚至更加茂密。虽然盐沼植被会被飓风吹倒、湿地也会变形，但是整个系统却可以继续维持而不至于崩溃。自然资源部海洋减灾中心定量评估了滨海湿地的减灾效能，发现其可有效降低海浪强度——纵深150米的红树林对风暴潮的波高消减率超过80%；而仅30米宽的盐沼草本植被带消浪率就可以超过70%，100米宽的草本湿地消浪率可达90%以上。

2004年印度洋大海啸，红树林海岸保护了成百上千生命；2014年超强台风“威马逊”登陆，数千米长、数百米宽的木麻黄防护林，为当地百姓的生命财产搭建起了坚实可靠的避风港。实例告诉我们，虽然人类对海啸、台风等自然灾害很难做到精准地预测和有效地控制，但是通过建造沿海防护林来减轻甚至抵消这些灾害的破坏力，提升滨海湿地生态系统稳定性却是切实可行的。

党中央、国务院历来高度重视沿海防护林体系工程建设，习近平总书记在福建省平潭综合实验区考察时曾说：“防护林太重要，优良的生态环境是真宝贝。”我国自20世纪80年代就启动沿海防护林体系的建设，经过三十多年的发展历程，沿海累计营造林401.83万公顷，森林覆盖率显著提升，一个完整的海岸带生态系统主体框架基本形成，从沿海滩涂向内陆延伸，构建起了“三道防线”。第一道防线是以红树林、柽柳林为主的消浪林带；第二道是防线由乔木树种组成的防风固沙基干林带；第三道防线则是以农田林网、城乡绿化为主体形成的沿海纵深防护林，主要包括水源涵养林、水土保持林、农田防护林、防风固沙林、护路护岸林、村镇防护林等小林种。

说起红树林，它们是沿海岸滩上最独特的存在，享有“海岸卫士的排头兵”称号。红树林是红色的吗？大多数人会有这样的疑问。其实从外观上看，它们与其他森林无异，都是郁郁葱葱的绿色。而实际上，它们是“心红表不红”，因其植株内的单宁暴露在空气中易氧化，附着的枝干会呈红褐色而得名。第三次全国国土调查数据显示，我国现有红树林地面积2.71万公顷，红树植物30多种，属秋茄、红海榄、白骨壤、桐花树、木榄、海榄分布最广，主要位于广东、广西、海南、福建、浙江等省份海岸沿线。

为了能够在潮水淹没、风浪冲击这种恶劣的环境中“立足”，生活在海滩地带的红树植物根系极其发达，发育

广西防城港的红树林（曾江宁/摄）

红树向上生长的指状呼吸根（曾江宁/摄）

出形态多样的向上生长的呼吸根，这些根伸出滩涂表面以帮助植物体进行气体交换，使红树不会因陷于淤泥缺氧而衰亡。为了能在海滩上“定居”，红树植物果实成熟后，并不像一般植物那样自动离开母树，而是继续留在母树上汲取养分，直至发育成幼苗，掉落在海滩上，随波逐流，遇到适宜环境扎根发芽。更有趣的是，这些“小苗”还练就了“防止被欺负”的本领，可避免漂浮时被海水腐蚀或被消费者啃食。靠着这种“胎生”技能，海滩上形成大片的红树林，构建起了“全能型”湿地生态系统。淤泥之下，红树林为成千上万的鱼虾蟹贝提供生存驻地以及金色乐园；树冠之上，红树林为白鹭、夜鹭等鸟类提供筑巢繁衍的绿色家园。红树林是不计其数的动植物生存、人海和谐共生的重要资源载体，是巨大的海洋生物基因库，为维护滨海湿地生物多样性作出了突出贡献。

木麻黄是我国基干林带建设中的杰出代表，因外貌有点像松树，又叫它“驳骨松”。木麻黄原产于澳大利亚和太平洋诸岛，引进中国已有80多年历史。如今在广东、广西、福建、浙江（南部）、台湾沿海以及南海诸岛均有栽培。我国现有木麻黄面积已超过2万公顷。它们喜光喜热，耐盐碱、瘦瘠土壤，生长迅速，抗风力强，不怕沙埋，迅速成为我国南方滨海防风固沙的当家树种，在改善滨海生态环境、防风固沙和水土保持等方面发挥着重要作用。这道“绿色长城”究竟会带来多大的生态效益呢？据福建省农林大学2010年的一次调查统计：福建全省木麻黄防护林生态系统服务功能的总价值每年超过50亿元，其中，保育土壤、固碳制氧、净化空气、涵养水源等生态价值超过47.35亿元，占比近95%，可见木麻黄的生态服务功能极为重要。

虽然我国沿海防护林建设已取得了许多实效性成果，但仍存在着树种单一、生态系统稳定性不强等问题。我国的大陆海岸线长达1.8万千米，北起辽宁省的鸭绿江口，南至广西的北仑河口，沿海的自然地理和生态环境差异较大。那么如何科学地选择造林树种才能使沿海防护林发挥最佳效果呢？答案就是本着“因地制宜、因害设防”的原则。沿海地区从南至北的气候与土壤条件千差万别，主要自然灾害亦不相同。比如，海南、广东、广西、福建（南部）沿海建设防护林的主要目的是防御台风；华东沿海除了防御台风以外，还要防御寒露风及霜冻；华北和东北则以防御寒潮带来的风害和冻害为主。

根据不同自然灾害和海岸类型，树种选择的侧重点各

沿海防护林（刘俊/摄）

有不同。沙质海岸多由粗沙粒的风沙土组成，不能很好地保持土壤营养和水分，可以引种和培育抗强风、耐瘠薄、耐盐碱的树种，建立防风固沙林。在南方，先锋树种以木麻黄为主；在北方，平原沙岸以刺槐为主。丘陵地则以松树为主。泥质海岸具有含盐量高、雨水多、蒸发强等特点，往往选择耐盐碱、耐水湿、抗风且具有较好观赏价值的树种，可建立沿海护堤防浪林与护岸林、农田防护林；岩质海岸因其特殊的立地条件，可以选择耐干旱，耐瘠薄，又抗海风、海雾的树种，从沿海山坡坡脚向山顶可以依次配置灌木带、耐盐乔木林带，形成多树种混交林，全面提升林分质量，构建完善的沿海防护林体系，以获得最大的稳定性和效益。

近年来，在自然因素和人为干扰的双重作用下，沿海防护林遭到了较大的破坏，让这道绿色防线出现了缺口。围塘养殖、乱砍滥伐、城市化发展、采矿等人类活动，是滨海湿地生态系统退化的元凶。沿海防护林不仅是海岸侵蚀阻尼器，也是滨海湿地生态安全乃至人民群众生命财产安全的“守护者”。现在，该轮到我们守护它们了。人不负青山，青山定不负人。昔日的盐碱荒滩，已是林海绿洲。保护海岸线、维护滨海湿地生物多样性及生态系统完整性，将“生态优先、绿色发展”落到实处，当务之急是继续提升沿海防护林工程质量，大力实施基干林带的新建和拓宽、断带补齐、老化更新等措施，突破困难立地造林技术，推行造林树种多样化，使我国沿海防护林建设实现由单一树种向多树种结合的林分结构转变，建成多元化、多层次、结构稳定、功能完善的沿海综合防护林体系，筑牢我国海疆坚固的绿色屏障。

（执笔人：刘雨晴、欧奕君）

风暴潮灾害消能器

——生物礁生态系统

1970年，世界上最大的海湾孟加拉湾发生了一次震惊世界的特大风暴潮灾害——这场灾害夺走了30多万人的生命，冲毁了40万所房屋，上百万人因此流离失所、无家可归，大片农田被淹，50万头牲畜溺死，农作物损失高达6300万美元。1991年，凶狠的特大风暴潮携着6米巨浪又一次向孟加拉湾发起进攻，对孟加拉国造成30亿美元的经济损失。1959年，名古屋地区也出现了日本历史上最严重的风暴潮灾害——受灾人口达150多万，经济损失达10亿美元。我国也频发风暴潮灾害。1992年，我国东部沿海受第16号强热带风暴和天文大潮的共同影响，发生了一次风暴潮灾害，受灾省份由南至北多达十几个，先后波及福建、浙江、上海、江苏、山东、天津、河北和辽宁等沿海省（直辖市），2000多万人受灾，约200人死亡，1170千米海堤被毁坏，193.3万公顷农田受灾，直接经济损失将近100亿元。

各种海洋灾害中，风暴潮灾害最为严重，它能够迅速破坏沿海建筑——倾覆海上船只，破坏海上建筑，冲毁沿岸村庄和城镇，吞噬码头、海堤，对海上交通、对外贸易、渔业养殖、石油开采等都造成严重影响。除了极强的冲击力破坏外，风暴潮还会带来洪涝、土地盐碱化等次生灾害，且大灾过后常伴大疫，动植物尸体腐烂的环境还可能带来疫病，引起恐慌、暴动等社会问题。

作为沿海的一种自然气象灾害，风暴潮是由剧烈的大气扰动（如台风、温带气旋等）引起海面异常升降的现象，又名“气象海啸”或“风暴海啸”。当其与正常潮位叠加时，会引起沿岸海水上涨；恰与天文大潮的高潮叠加，潮位迅速增高，将引发局部地区猛烈增水，出现特大潮灾。不过，如果风暴潮位本身就非常高，就算未遇天文大潮或高潮，也能够造成严重潮灾。另外，风暴潮的空间范围一般为几十千米至上千千米，周期为1～100小时，介于地震海啸和低频天文潮波之间。但有时风暴潮的影响区域也随大气扰动因子的移动而移动，因而有时一次风暴潮过程可影响一两千千米的海岸区域，影响时间多达数天之久。

温带风暴潮和台风风暴潮是风暴潮的两种类型。前者多发生于春秋季节，夏季也时有发生，其特点是增水过程比较平缓，增水高度低于台风风暴潮，主要发生在中纬度沿海地区，以欧洲北海沿岸、美国东海岸以及我国北方海区沿岸为多。而台风风暴潮由台风引起，多发于夏秋季节，其来势猛、速度快、强度大、破坏力强。当台风逐渐靠近岸边时，由于是逆时针旋转的热带气旋，其中心右半圆的强风（通常称为向岸风）将海水不断吹向岸边并在岸边堆积，导致海平面迅速上升，从而引起风暴潮。在台风登陆前后几个小时内，风力达到最大，此时的风暴潮也最高。全球每年有80多个台风产生，其中1/3能造成台风风暴潮。凡是受台风影响的海洋国家、沿海地区，均有台风风暴潮发生的可能。

我国有579.59万公顷的滨海湿地，这段陆海交错地带有抵御海浪冲击、吸收洪涝、减缓风暴潮对海岸侵蚀的能力。我们知道，红树林、盐沼等湿地植被通过阻滞水流、植株茎干的影响来消减波浪能，并改变沉积物、营养物质和海洋污染物沿海岸的输移和扩散来保滩护岸；陆架泥区则能够通过悬浮和浮泥运动，辅以底部摩擦共同耗散波能。

除此之外，生物礁也为抵御风暴潮作出了重要贡献。生物礁生长于沿岸浅水区的前缘，在风暴潮来袭时最先受到冲击，常见的有珊瑚礁、牡蛎礁等。它们是具有一定数量的原地造礁生物骨架，外形上伴有硬质突起，是独立的碳酸盐沉积体，具有抗击风浪的作用。波浪破碎消能是一种抵御风暴潮十分有效的方式，因为经过一次破碎后的波浪很难再次聚集起能量。生物礁上的硬质突起起到消耗波能的作用，当其规模足够大时可以破碎波浪——当风浪向海岸冲击时，凹凸不平的礁体表面可以摩擦、破碎波浪，充当天然防波堤的角色，并且突起带的水位越浅，其消浪能力就越强。

在水体清澈、波浪作用为主的热带区域，生物礁以珊瑚礁为典型。作为降低洪水风险最有效的生态系统之一，珊瑚礁的消浪率高达97%，是消浪作用最强的生物礁。珊瑚礁可以长成巨大的形体，纵向向上生长到潮间带下部后停止，随后开始向海推进式生长，一段时间后可以形成规模较大的珊瑚礁坪。上涌的波浪在礁坪前缘极易被破碎，使礁坪后侧的海滩得到保护。科学家发现，平常天气下珊瑚礁可耗散波能的80%，而在风暴潮期间可耗散波能达25%~80%。有时大的风浪还会将其他珊瑚礁块体搬运至礁坪，堆积形成更大的“防波堤”。海南岛南部小东海的礁坪上就堆积着大量块体，其中，最大者重量超过30吨。另外，珊瑚的持续生长可以仅由礁体自行支撑，其修复成本相对同样长度的人工防波堤也较低。

而在中纬度温带地区，牡蛎礁最为常见，其规模虽远小于珊瑚礁，但作用却不容小觑。在美国东部，牡蛎贝壳被放到海岸，待其定殖后自发长成堤状牡蛎礁，破碎风浪以保护向岸一侧的岸线和盐沼，因而牡蛎礁也被称为“生物防波堤”。在利用绿色海堤防范风暴潮的设想中，我国的研究者提出，在江浙海岸一带，牡蛎礁向上生长的速率可以达到每年2厘米，几十年下来便可长出规模可观的牡蛎礁，并可与盐沼一同构筑海堤保护的防线。在盐沼植被的前缘设立小型牡蛎礁，还可以保护滩面的局部稳定性。另外，同样在潮滩固着生长的、具碳酸钙外壳的贻贝和藤壶等生物也可形成礁体，不过规模较小。

由珊瑚虫和其他造礁、礁栖生物的骨骼以及它们分泌的有机质黏结碳酸盐碎屑而形成的多孔隙岩体，均可以形成生物礁。例如，珊瑚藻、有孔虫、海绵、贝类都可以形成生物礁。海藻是地球上最古老的造礁生物，距今10亿年前后，是海藻礁在地球上最繁盛的时期。古地质时期的海藻礁，构成礁体的除蓝藻外，还有结构比较复杂的红

海南三亚的珊瑚礁（曾江宁/摄）

藻。海藻在现代生物礁中也发挥着作用，比如，西沙群岛的珊瑚礁，红藻、绿藻、蓝藻等海藻也是参与构建礁体的“建筑师”。其中，红藻门中的珊瑚藻是大型钙化藻类，珊瑚藻是珊瑚礁重要的共生藻，具有很强黏结依附作用，既可以为礁体提供钙质资源，将海水中的碳酸根离子与钙离子合成碳酸钙骨架，也可以将珊瑚礁的破碎残体裹挟胶结在一起，以帮助礁体抵御风浪侵袭，在维持珊瑚礁生态系统的生物多样性及生态功能中发挥着重要作用。

生物礁的钙质骨骼虽然坚硬，但冲锋在一线的生物礁在风暴潮中还是容易受损。风暴潮冲击下，生物礁抗浪消能的同时也被巨大的能量损毁礁体，并且向岸卷席的巨浪还会影响生物礁与外海海水的物质交换。不仅如此，底部沉积物被搅动起来，使水体浑浊、光线遮蔽，从而影响群落的光合作用，甚至会导致珊瑚虫窒息；搅进水体中的大量底层营养物质被分解耗氧，不仅会导致水体缺氧，使珊瑚礁退化，还会使水体酸化影响礁体钙化速率。

作为风暴灾害消能器的生物礁，以其最强硬的姿态削弱了敌方实力，坚定守卫我们的陆域家园。

（执笔人：欧奕君、董涵）

城市韧性助力器——海岸带生态系统

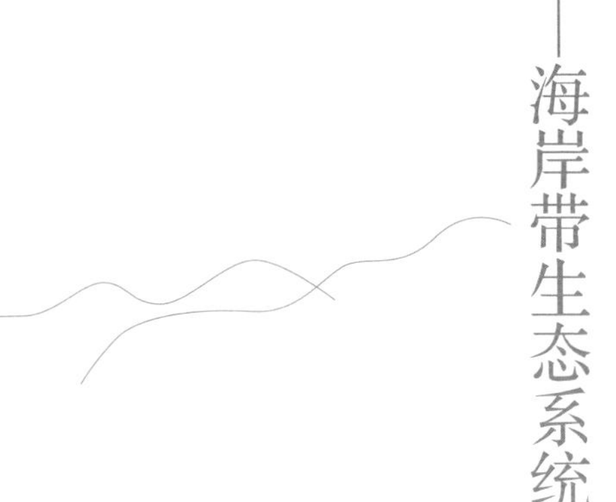

海岸带作为陆海相互作用的关键区域，有着丰富的自然资源和生物多样性，承载着高强度的开发利用活动，是人类生存和发展重要的居住区域和资源经济开发利用强度最大的区域。其以全球海洋7%的面积，提供了25%的海洋初级生产力、86%的海洋渔获量、50%的蓝色碳汇，是生产力集中的焦点区域，也是生物多样性及生态系统多样性的主要储库。除此之外，从社会经济发展的角度来看，海岸带凭借其特殊区位、资源、科技等优势成为我国经济快速发展的引擎带。其中“环渤海经济圈”“长江三角洲”“海峡西岸经济区”和“粤港澳大湾区”是国民经济的战略要地，以约10%的国土面积承载了超过50%的GDP。

韧性指的是系统适应、克服外界干扰，保持自身稳定甚至恢复自身功能的能力，强调经历扰动中的“抵抗、吸收、修复、提升、学习”等一系列过程而达到新平衡状态，即系统的可持续发展能力。目前，城市韧性多被看作城市系统对于扰动（如自然灾害等）的准备、响应并从中恢复的能力。海岸带地区的生态结构功能对保障城市的韧性及可持续发展有着极其重要的作用，随着沿海地区的社会经济发展步伐日益加快，近海生态危机也开始频繁涌现。海平面上升、热带气旋等极端气候事件日渐频繁，风暴潮、洪涝、台风等海岸带灾害所造成的风险和危害也正逐年增加，威胁着数以千万计的沿海地区居民的生命财产安全。目前，我国约1.8万千米的大陆岸线当中已有60%被改造为人工岸线；近20年来，年平均填海造陆面积在100平方千米以上。这些高强度的人类开发利用活动很大程度上改变了海岸带的既有格局。

在社会早期，人们多通过建造海堤、海墙、防波堤等传统海岸带防护设施来抵御灾害，而这些设施却存在着维护成本高、难以更新甚至是对生态环境造成伤害等问题。于是，近年海岸带保护修复工程系列标准编制主要聚焦海岸带生态系统现状和减灾需求，采用生态减灾理念，促进生态保护和防灾减灾协同增效。

大量研究结果显示，海岸带内所包含的生态系统能够在一定程度上抵御海岸带灾害，保护沿海社区和相关设施。例如，红树林、海草床和盐沼等能够起到固沙的作用，使泥沙颗粒作为缓冲带减缓海浪对海岸的冲击。除此以外，珊瑚产生的大量碳酸钙外骨骼所形成的高大立体的礁体，可以起到类似于防波堤的作用，通过物理形式的阻挡使海浪破碎，同时在水流通过时增加下垫面摩擦阻力，能够在灾害来临时提供关键的防护作用。

海岸带生态系统作为海岸带城市群防护的一种手段，能够与传统海岸带防护措施相结合，构成复合型的生态海防体系，在降低海岸带灾害风险方面起到了重要作用，助力海岸带城市群的生态和社会经济韧性建设。

红树林气生根及树干均能起到消浪缓流作用（王鹏斌/摄）

为了更好地开展海岸带城市群的韧性建设工作，针对性地进行海岸带生态系统的保护与修复，从经济学角度对海岸带生态系统所提供的防灾减灾效益的价值进行定量评估势在必行。

为了设计出降低海岸带灾害风险的最佳方案，世界银行提出了预期损失模型（expected damage function，EDF）进行海岸带生态系统防灾减灾的经济价值评估。公布结果表明，全球红树林每年保护着1800万人免受海岸带灾害和820亿美元的财产不受损失。在我国，如果没有红树林生态系统的保护，沿海风暴潮等灾害每年将会额外造成190亿美元的损失。此外，珊瑚礁生态系统也保护了超过20万人口安全。如果没有珊瑚礁，每年由海岸带灾害造成的损失将会翻倍。

大量证据表明，海岸带作为第一海洋经济区，既是海

沿岸的盐沼湿地起到缓冲带作用（张华国/制）

洋开发、经济发展的基地，也是贸易和文化交流的纽带。其蕴藏的丰富自然能源存在巨大的开发利用潜力，复合、活跃的生态系统对于内部城市群起到了比传统防护工程更具效果的保护作用。由此，海岸带作为重要的陆海交界区，其生态系统对于海岸带城市群的生态、社会经济发展韧性建设及可持续发展产生了不可磨灭的推动作用。

（执笔人：叶观琼）

美丽海岸，给人类以愉悦、享受，更给文人墨客无尽遐思和创作源泉。滨海湿地中，由生物在大陆边缘，借助着海水的交融，刻画出一幅幅壮美的图案。本篇以滨海生物地貌为切入点，带您领略芦苇、碱蓬、红树、牡蛎等海洋生物在滨海湿地生态系统中的文化功能，体验大自然的艺术，感受滨海生态系统的美学和文化价值。

雕画地貌形态丰
——海岸雕刻师

海上森林——东寨港的红树林

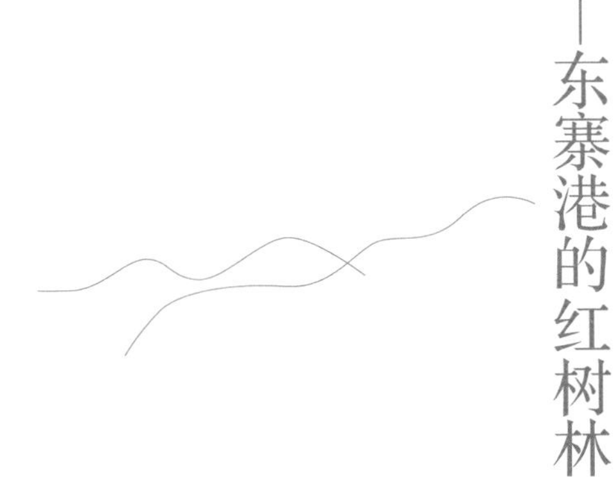

在我国漫长的海岸线上，一片片红树林建立起了海陆之间的天然屏障。红树林如同镶嵌在海岸带上的翡翠，装点出形态丰富的沿海地貌。海南岛四面环海，气候炎热，有大面积的滩涂，红树植物物种繁多，是我国红树植物的分布中心。

东寨港红树林位于海南岛东北部的海口市境内，是我国当前成片面积最大、种类最齐全、保存最完整的红树林。1980年1月，广东省人民政府批准建立了海南东寨港自然保护区；1986年7月，国务院又将其晋升为海南东寨港国家级自然保护区，成为我国建立的第一个红树林自然保护区，同时也是中国首批被列入《国际重要湿地名录》的7个自然保护区之一。

东寨港是一个百年古港，又名东争港，古称东斋港。东寨港红树林的缘起，可以追溯到海南历史上的一场大地震。据《琼州府志》等典籍记载，在400多年前，东寨港还只是一条小河，名为东寨河。明万历三十三年（1605）七月十三日晚，琼州爆发了7.5级大地震，震中就位于今天东寨港的塔市附近。地震导致72个村庄沉入海底。经

东寨港的海上森林（陈鹭真摄）

年累月，周边的陆地不断陷落，最终形成了汪洋一片的东寨港，而沿岸的陆地也随之经历了从陆地到沼泽区的演变。科学家认为：这是迄今为止华南地区毁坏性最严重的地震，也是我国地震史上唯一的一次“陆陷成海”的大地震。

红树林是生长在滨海湿地的植被，根植于潮间带缺氧的沉积物之上，经受着潮汐的洗礼。如今的东寨港红树林保护着以红树林湿地为主的北热带边缘河口港湾和海洋滩涂生态系统，以及越冬的水鸟。保护区总面积3337.6公顷，其中，红树林面积1578.2公顷，滩涂面积1759.4公顷，是我国红树植物物种资源最丰富的区域。据保护区记载，保护区内共有红树和半红树植物45种。其中，真红树30种，半红树植物15种。秋茄、木榄、老鼠簕、白骨壤、桐花树、尖瓣海莲……千姿百态的红树林构建起一个多彩的生态世界。这里不仅是红树林的天堂，也是动物的乐园，现已记录到210多种鸟类、160多种鱼类、200多种昆虫、220多种大型底栖动物在东寨港红树林“歇脚”或“安家落户”。绵延数十千米的“绿色长廊”，有着“海上森林”的美誉。

然而，在过去的很长一段时间里，由于围海造田、堤坝修建、旅游开发、种植业和养殖业发展等人为因素的影响，东寨港的红树林受到了严重的生存威胁。东寨港红树林从20世纪60年代开始退化，1996年后退化加速，特别是经历了强台风袭击和团水虱感染之后，东寨港红树林发生倒伏死亡现象。因此，东寨港红树林的生态保护和修复面临着巨大的挑战。

所幸，随着对红树林认识的加深和对生态环境的愈加

东寨港红树林（冯尔森/摄）

东寨港红树林（黄黎晗/摄）

重视，2013年，海口市出台了对东寨港国家级自然保护区的“退塘还林”工作实施方案，决定修复保护区内被毁坏的红树林；又在2014年通过人民代表大会立法，将保护区面积从原有的5万多亩扩大至12万亩。多年来，海南省加强了红树林的保护和修复工作，严抓环境综合整治，东寨港红树林修复工作取得了可喜的成绩。2021年，《中华人民共和国湿地保护法》通过审议，于2022年6月1日起施行。这意味着，不仅是对东寨港，未来对全国所有红树林的保护都有了更坚实的后盾。

绿水青山就是金山银山。东寨港的红树林也是自然馈赠的一笔巨大的财富。2022年5月31日，海南首个“蓝碳”生态产品——东寨港三江农场红树林修复项目的碳汇交易完成签约，交易碳汇量3000余吨，交易额30余万元。这片人工修复的红树林，首次实现了“蓝碳”资源价值的转化。除了“蓝碳”功能，东寨港红树林生态系统还提供了防风护岸、调节气候、促淤造陆和旅游文化等功能。

早在1789年（清乾隆五十四年），东寨港林市村的《林市村志》记载了“禁砍茄椗”十条，是迄今为止最早记载的红树林保护村约，也是地震之后，村民们深谙须与自然休戚与共的佐证。今天的东寨港红树林保护、恢复和守土尽责的实现，更是红树林保护的古训和永续利用的生态梦200多年后的延续和发展，是对生态文明的最好诠释。

（执笔人：陈鹭真、张凯帆）

牡蛎礁叠罗汉

——生长中的贝壳礁海岸

珊瑚礁海岸与红树林海岸是我们熟知的两种由生物作用形成的海岸。接下来我们一起来认识另外一种由牡蛎形成的海岸——牡蛎礁。

牡蛎礁是由活体牡蛎、死亡牡蛎的壳及其他礁区生物共同堆积组成的聚集体。在江苏南通海门，有一片神奇的现代牡蛎礁海岸，如今，这已经被划定为江苏海门蛎蚜山国家海洋公园，成为当地的旅游胜地，并成为长江三角洲海洋生态安全格局中的重要一员。

蛎蚜山牡蛎礁发育在淤泥质滩涂上，生长于沙洲潮间带，由鲜活牡蛎发育在古牡蛎礁上而成，位于江苏省海门市东灶港小庙洪海域，是中国现存的面积最大的潮间带天然牡蛎礁，生物礁区总面积3.55平方千米，礁体下部为近江牡蛎壳体，礁体表面为熊本牡蛎活体。江苏海门蛎蚜山潮涨为礁，潮落为岛，平均高出海平面4.5米，由黄泥灶、泓西堆、大马鞍、扁担头、十八跳等大小不一的80多个牡蛎堆组成，包括750个潮间带礁体斑块，礁堆起伏，层层叠叠，挤挤挨挨，千百年累积的牡蛎久积成骸，骸复生蛎，满目蛎骸形似化石，实际却都是生生不息的生物群体。由于海岸的演化，形成了介于沿岸潮滩－水下沙洲－岛屿之间的过渡性特殊景观。潮起为“沙”，潮落为“滩”。牡蛎礁时而隔绝成沙洲，时而与岸滩相连，成为半岛的顶端，甚为罕见。潮起时，“岛礁”逐渐隐入海水，静谧而神秘；潮落时，“岛礁”耸立海面，若隐若现，宛若仙山。

蛎蚜山活体牡蛎礁形状多种。带有活体的牡蛎礁有三种形状：一是凸起的孤立斑状礁体，礁体面积为25～250平方米，高出周边潮坪30～50厘米；二是互相平行的带状礁体，礁体长30～100米，宽10～50米，高0.5～1.0米，间距为10～30米，延伸方向与滨外水道大致平行，其间潮坪为破碎牡蛎骸为主的贝壳残体和贝壳砂所充满；三是环状礁体，礁体面积为250～1000平方米，高出周边潮坪1～2米，礁面起伏较大，礁体顶部高程相差1米左右。

牡蛎礁还是构成天津古海岸与湿地国家级自然保护区的重要地质遗迹，是保护区中独具特色的古海岸遗迹。保护区中的牡蛎礁形成于天津滨海平原海河以北，宁河县、宝坻县境内潮白河与蓟运河下游地带，集中分布在宝坻南部、宁河中部及东部地区，最典型地段是宁河县表口村的牡蛎礁核心区。天津牡蛎礁形成于距今7000—3000年，系由生长在潮下带、半咸水潟湖河口环境中的长牡蛎和近江牡蛎，层层堆积形成的天然生物堆积体，最厚的牡蛎礁可达5米，在太平洋各边缘滨海平原中非常罕见。天津古牡蛎礁的规模，只有泰国曼谷以北帕秀美坦尼（Pathumtani）地区和美国路易斯安那州阿查法拉亚（Atchafalaya）湾，泡特费克斯（Point Au Fex）岛的牡蛎礁可与之相比，但迄今为止，仅在天津附近见到厚达5米的牡蛎礁堆积层。

近两个世纪以来，由于过度捕捞、沉积物堆积、水质污染、病害与物种入侵等相似的原因，全球的牡蛎礁经历着不同程度的退化，有学者估计全球85%的牡蛎礁已经消失。而牡蛎被称为海洋生态系统的“关键物种”或“基石物种”，更有着“生态系统工程师”和“温带地区珊瑚礁”的美誉。由牡蛎叠构而成的牡蛎礁，其内部复杂的空间结构可以为其他海洋生物提供庇护、觅食、繁殖和生长的基础环境，在维持生物多样性等方面发挥着重要生态功能。

牡蛎礁还有着防灾减灾的生态价值，是重要的生态安全屏障。工业化以来，全球气候变暖导致海洋水体膨胀、极地陆地冰川融化进入海洋、风暴潮等极端天气频发等一系列变化。在海平面持续上升、风暴潮等加剧和海浪不断冲刷下，海岸带和滨海湿地受海洋的侵蚀作用不断加剧。而天然的牡蛎礁和人工生态修复形成的牡蛎礁都可以作为自然缓冲带，抵御海平面上升，增强盐沼滩的抗风浪韧性，减少波浪对海岸带和湿地的侵蚀。

如今，采用牡蛎礁进行生态修复在多个沿海国家受到重视。通过在海岸带浅水区域营造人工牡蛎礁，可以保护牡蛎礁后方的海岸生境免遭侵蚀之苦，从而为其他滩涂动物、中高潮带的滩涂植被提供稳定的生境。

山东滨州港一处废弃的堤坝，涨潮时被淹没，退潮时坝顶渐渐露出海面，涨到满潮时候，坝顶会达到海平面以下2米左右的深度。废弃的堤坝由于长时间受海水浸泡，为牡蛎提供了附着基质。如今海堤建造时间已超过20年，堤坝表面的每块石头上都附着了厚厚的牡蛎层，新生牡蛎则附生在先期附生的牡蛎壳上，年复一年，越积越多，在大坝上形成了牡蛎礁。无心插柳的海堤，如今成就了滨州一块崭新的牡蛎礁生态系统。

我国辽宁、山东、江苏、浙江、福建、广东、海南都有以本地地名命名的牡蛎作为当地特产，有的还登上《舌尖上的中国》《风味人生》等美食热播节目，成为当地的金名片。人工养殖和自然生长的牡蛎为牡蛎礁的成长和发育提供了生物基础，实际上，牡蛎礁也广泛分布于我国沿海地区由北到南的潮间带和浅水潮下带区域。

我国对牡蛎礁保护的探索始于21世纪。2000年后，天津大神堂牡蛎礁国家海洋特别保护区、江苏海门蛎蚜山

牡蛎礁生物地貌（曾江宁/摄）

国家海洋特别保护区陆续建立，牡蛎礁都是重要的保护目标。2018年后，我国开始推动以国家公园为主体的自然保护地体系建设，两处海洋特别保护区相继更名为天津滨海国家海洋公园和江苏海门蛎岈山国家级海洋公园。在自然资源部预警监测司的指导下，2020年发布的《海岸带生态系统现状调查与评估技术导则》以及《海岸带生态减灾修复技术导则》等团体标准中，将牡蛎礁作为一种重要海岸带栖息地，提出专章专节的技术指南进行调查监测、生态评估与生态修复。2021年7月，自然资源部办公厅印发《海洋生态修复技术指南（试行）》，将牡蛎礁生态修复纳入其中，提出牡蛎礁生态修复原则、修复流程和措施等技术要求。各地废弃的牡蛎壳，也在科学家、工程师和水产养殖从业者的合作中，变废为宝，正在成为构筑牡蛎礁的天然材料。

（执笔人：曾江宁）

海岸“西蓝花”——黄河三角洲

“黄河之水天上来，奔流到海不复回”，古老的黄河从青藏高原奔腾而下，携带着泥沙在黄土高原咆哮而过，最后穿过华北平原汇入渤海。这条中华民族的母亲河滋养大地，孕育了中华文明，也用它携带的泥沙创造了一片陆地——黄河三角洲。

千百年来，黄河奔流5000多千米，裹泥带沙在山东东营注入渤海，为渤海湾带来了一件“礼物”——黄河三角洲。入海口处，黄河河道的变迁摆动使泥沙形成了一片又一片三角洲，现在的黄河三角洲逐渐“孕育”而成。《中国国家地理》杂志主编、著名地理学家单之蔷先生曾把黄河三角洲的形态比喻为“一朵大大的西蓝花”，不同时期的亚三角洲重叠组合，每一个层次的亚三角洲向海域推进，每一个亚三角洲再创造小三角洲，最终一次又一次循环，构成了黄河三角洲的发育模式。黄河二角洲的形成和发展大致可分为3个阶段：最古老的是1855年前形成的古代黄河三角洲，面积约为7200平方千米；然后是形成于1855—1934年的近代黄河三角洲，面积约为5400平方千米；最后是自1934年以来不断发展扩张的现代黄河三角洲，面积约为2800平方千米。而我们现在所说的黄河三角洲，指的是1855年至今形成的近现代三角洲，它是暖温带最年轻、造陆速度最快、景观变化最剧烈的河口三角洲，也是世界上六大河口三角洲之一。

“白鸟一双临水立，见人惊起入芦花。”独特的生态环境、得天独厚的自然条件、严格的生态保护措施，造就了黄河三角洲湿地“奇、特、旷、野、新”的美学特征，黄河三角洲湿地也因此被评为中国“最美的六大湿地”之一。黄河三角洲，这是一片年轻且脆弱的湿地，却也是暖温带最完整、最广阔的湿地生态系统，而人与自然携手，在此描绘出一幅和谐相处、相互促进的生态优美画卷。

黄河三角洲湿地景观类型多样，包括光滩、芦苇沼泽、水稻田、河口水域、坑塘等；根据划分标准的不同又

美丽的黄河三角洲湿地景观（魏思羽/摄）

可分为自然湿地和人工湿地、常年淹水湿地和季节性淹水湿地等。黄河三角洲湿地动植物资源丰富，典型植物物种包括盐地碱蓬、芦苇、荻、野大豆、柽柳、刺槐等，典型动物物种有东方白鹳、黑嘴鸥、中华秋沙鸭、中华绒螯蟹、黄河刀鱼等。为保护黄河口新生湿地生态系统和珍稀濒危鸟类，经国务院批准，山东黄河三角洲国家级自然保护区于1992年10月在黄河入海口附近建立，黄河三角洲一派自然景观均浓缩在此。保护区位于黄河入海口两侧新淤地带，总面积15.3万公顷（其中，各类湿地面积11.31万公顷，占总面积的74%），分为南北两个区域，南部区域位于现行黄河入海口，面积10.45万公顷；北部区域位于1976年改道后的黄河故道入海口，面积4.85万公顷。

黄河三角洲国家级自然保护区截至2021年，共记录野生动物1630种。其中，鸟类由1990年建区时的187种增加到目前的371种，国家一级保护野生鸟类由5种增加到12种，国家二级保护野生鸟类由27种增加到51种，数量由200万只增加到600万只。国家一级保护野生鸟类有丹顶鹤、白头鹤、白鹤、大鸨、东方白鹳、黑鹳、金雕、白尾海雕、中华秋沙鸭、遗鸥等；国家二级保护野生鸟类有灰鹤、大天鹅、鸳鸯等。珍稀濒危鸟类逐年增多，每年春秋候鸟迁徙季节，数百万只鸟类在这里捕食、栖息、翱翔，成为东北亚内陆和环西太平洋鸟类迁徙重要的中转站、越冬栖息地和繁殖地，被国内外专家誉为“鸟类的国际机场”。

保护区内自然植被覆盖率达55.1%，植物资源丰富，共有植物685种。盐地碱蓬、芦苇、柽柳和罗布麻在保护区内广泛分布。其中，盐地碱蓬是具有高耐盐性的一年生盐生植物，也是淤泥质潮滩的先锋植物，广泛分布于黄河三角洲陆地和潮滩。潮滩土壤中的高盐分能够使盐地碱蓬地上部分形成紫红色，特别是在秋季，大片火红的盐地碱蓬绵延不绝，恍如鲜艳耀眼的“红毯”铺陈在平坦的大地上，因此有“红地毯”的美称。“蒹葭苍苍，白露为霜”，蒹葭就是芦苇，它是黄河三角洲分布面积最广的优势物种之一。保护区内芦苇集中分布面积可达40万亩，绵延的芦苇荡生机勃勃，微风吹过，随风摇曳。

受黄河水沙通量变化和海陆交互作用等因素影响，黄河三角洲生态系统具有脆弱性、敏感性等特点，极易受到外界环境影响。伴随着人类活动加剧、气候变化和互花米草入侵等影响，黄河三角洲湿地生态系统呈现亚健康状态。首先，随着黄河流域用水的增多以及极端干旱天气频发，黄河入境水流量减少，导致部分湿地和鸟类栖息地退化。其次，不合理的农业生产、滩涂养殖、能源开发等人

黄河三角洲湿地夏季美景（韩广轩/摄）

黄河三角洲湿地秋季美景（韩广轩/摄）

类活动都在不同程度上破坏了湿地生态与环境，造成了生物多样性的降低。最后，暴发式扩张的互花米草形成大片“绿色沙漠”，如癣疥一般扎根在黄河三角洲滩涂上，对本土物种的生存构成了很大威胁。保护和修复黄河三角洲湿地，母亲河的儿女们重任在肩。

近年来，为保护和修复黄河三角洲湿地，东营市全面加强黄河三角洲生态保护治理，联合科研单位和企业实施湿地生态修复、海岸带生态防护、互花米草治理和珍稀濒危鸟类栖息地保护等多种项目。目前，通过采取退塘还河、退耕还湿、退养还滩和退油还绿等措施，已经累计恢复湿地188平方千米；通过连通水系、加大生态淡水补给力度和促进湿地生态环境自然修复和健康发展，生物多样性保护水平持续提升。例如，利用中国科学院烟台海岸带研究所和中国科学院黄河三角洲滨海湿地生态试验站研发的适宜不同潮滩生境的互花米草治理关键技术体系，山东黄河三角洲国家级自然保护区开展互花米草防治项目，截至2020年治理互花米草3800亩，目前正继续扩大治理

黄河三角洲植被调查（韩广轩/摄）

面积。

《中华人民共和国国民经济和社会发展第十四个五年规划和2035年远景目标纲要》提出，扎实推进黄河流域生态保护和高质量发展，加强黄河三角洲湿地保护和修复。习近平总书记在黄河流域生态保护和高质量发展座谈会上指出："下游的黄河三角洲是我国暖温带最完整的湿地生态系统，要做好保护工作，促进河流生态系统健康，提高生物多样性。"保护黄河三角洲湿地，既是"十四五"时期生态文明建设的重要内容，也是黄河流域生态保护与高质量发展的内在要求。未来，黄河三角洲人民也将继续咬定目标、脚踏实地，秉持"绿水青山就是金山银山"的理念，为保护黄河三角洲湿地而努力奋斗。

（执笔人：侯雅琳、谢宝华、韩广轩）

翅碱蓬红海滩

——辽宁双台河口的红海滩

在辽宁省盘锦市双台河口国家级自然保护区绵延的海岸线上，长满了一种神奇的植物——盐地碱蓬，俗称翅碱蓬，因其铺天盖地的红色，在秋日里染红整个滩涂，遂得名“红海滩”。织就红海滩的翅碱蓬是藜科碱蓬属的一年生草本植物，在我国沿海地区、内陆荒漠盐碱地都有分布。翅碱蓬生长初期嫩芽为红色，后转为绿色，5月初，翅碱蓬颜色由绿色变为粉红色，到了9月，颜色加深变成赤红色，在广阔的海滩上犹如一张红色的地毯，景色尤为壮观，具有极高的观光价值。翅碱蓬不仅有欣赏价值，也具有食用价值，其幼苗可作食材，种子可供榨油食用，是一种优质的油料作物。

双台河口国家级自然保护区红海滩四季风景皆不同：春天的红海滩，是嫩红的一片，嫩得滴水，像婴孩的脸颊；夏天的红海滩，是嫣红的一片，像姑娘们羞红的香腮；秋天的红海滩，是深红的一片；冬天的红海滩，是枯黄的一片，却并不萧索，积蓄着来年的力量。

翅碱蓬之所以叶片变色，之所以不同生境的叶片颜色存在差异，主要是因为叶片中色素的积累含量有差异。海

盘锦红海滩邮票（曾江宁/供）

边生境的翅碱蓬与内陆生境的翅碱蓬相比，植株颜色表现为更加紫红，这与盐分抑制叶绿素合成有一定的关系。环境因子调控色素积累机理和抗逆生物学特性研究表明，逆境条件下，较高的钠离子浓度破坏了叶绿体的光合膜系统，阻碍了叶绿素的合成。此外，低温和短日照能够加快叶绿素分解产生类胡萝卜素的反应，而类胡萝卜素的积累可使叶片呈橙黄色。可见，海边生境翅碱蓬的紫红色，并不单独是钠离子所起的作用，而可能是海边生境中其他盐离子、低氧、低温、光照等因素共同造成的。

翅碱蓬盐沼湿地处于辽东湾附近，受海洋和大陆的双重作用，间歇性暴露于空气中，气体调节功能明显；盐沼湿地植被的储碳量潜力巨大，且对于滨海湿地区域内的碳循环作用明显；翅碱蓬植被可以吸收累积重金属、有机氯农药、多环芳烃等污染物，从而可以起到净化滩涂作用，是滨海湿地低浓度受污染土壤开展生态修复的重要物种之

生长中的盐地碱蓬（曾江宁/摄）

一。当遇到风暴潮等气象灾害时，翅碱蓬植被作为粗糙的下垫面，可以加大水流穿过时的摩擦力，减缓流速和海水侵蚀的冲击，影响泥沙的运输能力，达到促淤的效果。除了翅碱蓬之外，保护区里还有维管束植物260余种，其中，优势种30余种，主要有芦苇、翅碱蓬、香蒲等，这种由低到高、红绿分明的带状植物分布规律是我国沿海少见的，具有极高的观赏价值和重要的科研价值。

有研究者对双台河口湿地生态系统物质生产服务价值进行了评价。研究结果显示，双台河口湿地生态系统物质生产服务功能年能值为 34.54×10^{19} 焦耳/年。双台河口国家级自然保护区是珍稀鸟类重要的栖息地之一，鸟类是该湿地中最主要的动物，数量庞大，种类繁多。这里有世界上濒危珍稀物种丹顶鹤和黑嘴鸥，以及数以万计的其他水鸟。优美且独特的红海滩自然景观和众多在此栖息的野生动物，使保护区成为了休闲娱乐、精神疗养的好去处。

（执笔人：陈斌）

海洋孕育了生命、联通了世界、促进了发展。纵观历史，向海则国兴，闭海则国弱。海洋是高质量发展战略要地，探索以生态优先、绿色发展为导向的高质量发展道路是向海图强的必然选择。本篇包括“绿水青山就是金山银山”的海岛探索、世界海洋中心城市的生态道路、滨海湿地作为智慧海洋建设的科技舞台，希冀启迪读者进一步理解海洋、生态与文明兴衰，强化海洋意识，共同投入陆海统筹、向海图强的海洋强国建设。

向海图强民族兴
——生态文明

陆海拉链——滨海湿地

保护自然——“两山理论”的海岛实践

2005年8月15日，时任浙江省委书记习近平同志在安吉县余村考察时，创造性地提出著名的“绿水青山就是金山银山”理念，全面开启了浙江建设生态省、走生态文明发展道路的探索与实践。党的十八大以来，习近平总书记高度重视自然资源和生态环境保护，常常在强调“绿水青山就是金山银山”的言谈话语中，深刻阐述关于社会主义生态文明建设的大道理。2017年10月18日，习近平总书记在党的十九大报告中明确提出，“必须树立和践行绿水青山就是金山银山的理念”；党的十九大新修订的《中国共产党章程》也明确提出“增强绿水青山就是金山银山的意识”；2016年5月27日，联合国环境规划署发布《绿水青山就是金山银山：中国生态文明战略与行动》报告，向世界广为传播“两山”理念。两山理念生动形象地诠释了人与自然的关系、生态保护与经济发展的关系、当前发展与永续发展的关系等人类社会生存与发展的最普遍最根本的关系规律。

作为“两山理论”的首次提出地和习近平生态文明思想的重要萌发地，浙江在海岸带保护方面开展了大量实

舟山蓝色海湾生态整治工程后的滨海岸线（陈斌/摄）

践，提炼总结了一批具有示范意义和推广价值的项目经验。平湖市重构生态海岸线，政企合力写经典。宁波市杭州湾新区加强湿地保护修复，打造绿色生态湾区；梅山物流产业集聚区全力打造生态梅山湾；象山县推进海岸线整治修复，打造文景共荣“美丽岸线”。舟山市践行海上“两山”发展理念，打造了海洋保护“舟山样板”的海洋特别保护区；整治蓝色海湾，助力打造港净湾清的沈家门渔港小镇；守护海鸟天堂，绘就绿色画卷的五峙山列岛鸟类省级自然保护区。温州市洞头区实施海洋生态修复，打造阳光、沙滩、海浪，逐梦洞头“新蓝湾”；平阳县实践南麂列岛人与生物圈和谐发展的实践之路；苍南厚植生态优势，擘画绿沁蓝湾，践行“两山”理念，绘浓海洋生态发展底色。台州大陈岛守护魅力蓝色海湾。这些项目的成功实施，推动了蓝色海湾整治、海岛海域生态化建设和美丽海湾的保护与建设。

沈家门渔港小镇——舟山蓝色海湾整治案例

夏日的舟山鲁家峙北岸海洋文化特色景观带，人来人往，欢声笑语，满眼绿意，但在几年前，这里还是一片废弃码头和建筑垃圾堆场。“最美海岸线”重现，要归功于2016年开始的舟山蓝色海湾整治行动项目。2019年6月17日，沈家门渔港小镇项目通过竣工验收，这是浙江省首个通过竣工验收的蓝色海湾整治国家项目，标志着海洋生态补偿机制的浙江实践取得重大成果。

2016年11月，舟山市争取到中央海岛和海域保护资金支持，由此开始蓝色海湾整治。项目位于浙江省舟山市普陀区，由海洋生态环境提升、滨海及海岛生态环境提升、生态环境监测及管理能力建设等三大类21项工程组成，实际投资7.3亿元，其中，中央补助资金3亿元，主要针对舟山市普陀区沈家门渔港以及鲁家峙岛进行综合整治修复，提升渔港现状环境。同时，以点带面，推进整个舟山市的海洋生态环境治理工作。舟山蓝色海湾整治最大的亮点，是本岛南侧滨海生态廊道的建设，让遭受人类干扰与破坏的海洋生态得到了相应补偿和有效修复。3年多时间，舟山清理近岸废旧构筑物12.5万平方米、拆除废旧码头18座、整治修复海岸线8.7千米、生态湿地恢复15.05万平方米，并建设了3处海岛生态公园，加快了城市有机更新。舟山还完成了渔港历史上最大规模的海湾海底清淤，清淤量达352万立方米，并截留陆源入海污水，加快港湾水体转换。

如今，舟山的海岸线发生了翻天覆地的变化。原本脏、乱、差的工业岸线，设立了休闲自行车道、人行观光道和观光大平台，转变为集生态、景观、休闲功能于一体的生态岸线和生活岸线，逐步实现“水清、岸绿、滩净、湾美、岛丽”的海洋生态文明建设目标。

逐梦洞头“新蓝湾”——洞头区实践案例

洞头区位于浙江东南沿海，是全国14个海岛区（县）之一，拥有302个岛屿和351千米的海岸线，总面积2862平方千米，其中，海域面积占了近95%。2003年5月，时任浙江省委书记的习近平同志在调研洞头时提出:“真正把洞头建设成为名副其实的海上花园。”在蓝色海湾整治、美丽海湾保护与建设过程中，洞头牢记习近平总书记的嘱托，在顶层设计上牢牢把握海岛的“海陆二相性”特征，牢牢把握“碧海蓝湾也是金山银山”的辩证关系。历届党委和政府始终锚定“城在海中，村在花中，岛在景中，人在画中”的海上花园目标，坚持“生态立区、旅游兴区、海洋强区”战略，全面做好保护、修复、提升三篇文章。洞头区利用生态“杠杆”撬动美丽海湾建设，先后获得国家级生态县、省级生态文明建设示范区、全国第二批“绿水青山就是金山银山”实践创新基地等荣誉称号。

洞头区在探索“两山理论”实践中，尊重自然、敬畏自然、保护自然，让自然做功，“水清、岸绿、滩净、湾美、物丰、人和”的美丽景象再度重现。一是塑造碧海蓝湾，通过入海河流、入海排口、港区陆海统筹协同治理，显著减轻海域环境压力，按照适度干预、自然修复原则，退人还岛、退养还海、开堤通海，恢复海岛自然风貌，为洄游生物让出通道，打造全国海岛类型美丽海湾建设的样板。二是探求金山银山，探索碧海蓝湾向金山银山的转化路径，建立生态产品价值实现机制，大力发展沙滩经济、民宿经济和生态渔业，实现“生态富民”。经过多年努力，洞头区诸岛环境变美了、渔民变富了，探索出了一套践行“两山”理论的海岛模式，呈现出“东海明珠、海上花园”的美景。三是创新发展模式，探索海洋产品价值实现机制，实践“海洋版两山银行”试点，推动社会资本参与示范性项目，由浅水湾项目业主参与东沙渔港内的沙滩修复，实现了政企双赢，走出一条“碧海蓝天”向“金山银山”转化的海岛共同富裕之路。洞头区的实践案例先后入选自然资源部发布的《中国生态修复典型案例集》和生态环境部发布的《美丽海湾优秀案例》。

（执笔人：曾江宁、陈斌）

海洋可持续发展目标

21世纪以来，世界各国不约而同地进入了“重新认识海洋，重新发现海洋，重新改造海洋，重新回归海洋”的时代。2010年后，世界各国更是逐渐意识到海洋中的环境问题、经济问题和社会问题将影响海洋的可持续发展。2015年9月25日，联合国可持续发展峰会在纽约总部召开，联合国193个成员国在峰会上正式通过《2030年可持续发展议程》，包括17个可持续发展目标和169个分目标。可持续发展目标旨在从2015—2030年以综合方式彻底解决社会、经济和环境三个维度的发展问题，转向可持续发展道路。《2030年可持续发展议程》针对海洋可持续发展专门提出了可持续发展目标14（SDG14），旨在保护海洋和可持续利用海洋资源。可持续发展目标14包含了陆地活动对海洋的污染、海岸带生态系统管理、海水酸化、海岸带地区保护、渔业、水产养殖业和旅游业的可持续管理等10个分目标，涉及环境、旅游、渔业和能源生产等不同管理部门。此外，169个分目标中与海洋和海岸带相关的还有49个，涉及消除贫穷和饥饿、减少污染和疾病、高效利用资源和应对气候变化及自然灾害等其他几个可持续发展目标。

海洋是地球生态系统的重要组成部分，为人类实现可持续发展提供着宝贵的空间资源和物质基础。海洋既是人类发展的起点，又是人类发展后的归宿，还是走向美好未来的关键点，而且海洋已经成为世界各国战略角逐的焦点和重点。世界上60%的人口居住在离海岸线100千米的范围内，全球10个最大的城市中有9个是海滨城市。我国沿海地区承载着全国40%的人口，50%的大中城市，创造了60%以上的国民经济产值。

改革开放以来，中国人口向东部沿海地区集中化迁徙趋势不断增加，而且主要向京津冀、长江三角洲、珠江三角洲三大都市群集中；中国经济总量稳步提升，在全球化浪潮和海上丝绸之路的合作愿景下，中国的港口航运、海洋贸易、海事服务、海洋渔业等行业快速发展，一批滨海城市发展迅速，海洋正在成为我国走向世界的重要门户和蓝色桥梁。

中国（深圳）综合开发研究院联合南方财经全媒体集团南财智库、21世纪经济报道，于2022年在东亚海洋合作平台青岛论坛开幕式上发布了《现代海洋城市报告（2021）》。该报告从经贸活力、科技创新、海事资源、对外开放及城市治理五个维度，用29项指标构建现代海洋城市评价体系，对全球40个海洋代表城市进行了等级评价。研究得出，综合排名位列第一梯队的中国滨海城市有上海、香港，位于第二梯队的则是深圳、广州、青岛等城市（图13）。

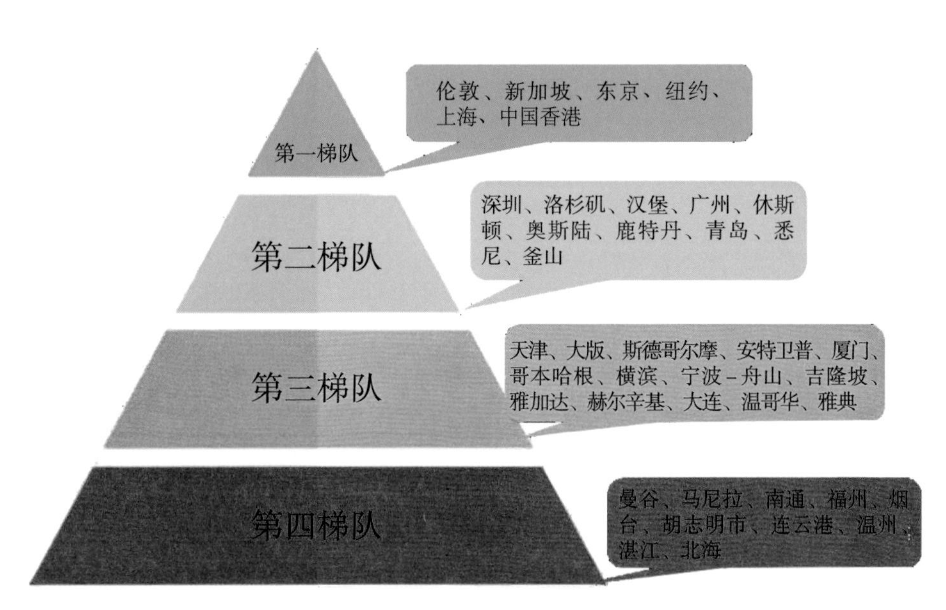

图13　现代海洋城市综合榜单（改自《现代海洋城市报告（2021）》，董涵绘）

海洋中心城市的提出

梅农经济（Menon Economics）、挪威船级社（DNV GL）联合发布的《全球领先的海事之都》(《The Leading Maritime Capitals of the World》, LMCW）报告中，第一次出现“全球海洋中心城市”概念。该报告首次发布于2012年，并于2015年、2017年、2019年更新发布。张春宇及其团队将该报告和“全球海洋中心城市”的概念引入中国。2017年，“全球海洋中心城市”这一理念被《全国海洋经济发展“十三五”规划》采纳，掀起了全国建设全球海洋中心城市的热潮。

学界多从“海洋”与“城市”两个方面解析“全球海洋中心城市”。海洋学者强调海洋经济、海洋科技的发展，特别突出航运业的建设与开发；城市方面，学者侧重于营商环境等城市综合实力的发展以及是否形成强大的国际影响力。2021年，张春宇进一步补充了“全球海洋中心城市”

的内涵，认为其是国际海洋中心发展的高级阶段。“全球海洋中心城市”是全球城市、海洋城市、中心城市的合集，应拥有较高的对外开放程度和强大的国际影响力，突出的区域规模效应、辐射集聚力，领先的海洋经济、科技或者文化水平并形成较强影响力。

人多地少、资源承载压力大等“人地关系”不和谐的问题日益在沿海城市中呈现，与此同时，海洋在经济社会发展中的地位越发重要，成为城市竞争的“新大陆”，海洋发展成为城市发展的关键环节。2017年，我国在《全国海洋经济发展“十三五”规划》中，提出“推进深圳、上海等城市建设全球海洋中心城市”。随后，上海、深圳、广州、天津、宁波、舟山、大连、青岛、厦门9个城市纷纷提出建设“全球海洋中心城市”的构想，并在各自出台的《海洋经济发展“十四五”规划》中提到“建设全球海洋中心城市”的发展目标、战略定位与具体措施；广东和浙江的《海洋“十四五”规划》分别提到支持深圳和舟山、宁波建设“全球海洋中心城市”。2022年7月，宁波举办亚洲海洋旅游发展大会，提升其作为海洋中心城市的国际影响力。

海洋与城市的关系

海洋中心城市是发展良好的海洋城市，应具有综合功能或多种主导功能，不仅具备支撑其成为中心城市的海洋属性，而且在海洋经济、海洋科技、海洋生态、海洋文化等海洋相关领域发展突出，形成能够集聚吸引资源、辐射带动区域发展的增长极。

如何对待海洋与城市的关系，城市的建设者和管理者

宁波举办2022亚洲海洋旅游发展大会提升其国际影响（曾江宁/摄）

进行了大量探索与实践，从早期侧重关注城市对海洋的影响，或海洋对城市的作用，逐步发展为将海洋作为城市特有属性进行考虑。基于生态系统的海洋和海岸带管理便自然成为海洋中心城市发展的必然道路。“蓝色经济”成为依托海洋的经济发展理念，并逐渐成为海洋城市的理论基础。

“蓝色经济”起源于1992年里约地球峰会提出的绿色经济。2011年，第66届联合国大会关于海洋和海洋法问题的研究会议提出，蓝色经济是以改善海洋生态系统和提高人类生活质量为目的的商业发展模式。2012年，澳大利亚提交的《里约+20和蓝色经济》报告认为，蓝色经济是海洋生态系统持续、高效地带来经济社会利益的经济形态。如今，“蓝色经济”将未来经济发展与生态环境和社会因素相融合，其核心理念是海陆协同与可持续发展。“蓝色经济”既是实现海洋可持续发展的途径，也是人类与海洋和谐共生、维系与海洋的可持续关系的生活方式，还是可持续发展理念和绿色经济理念的海洋运用。“蓝色经济”是强调人海和谐、技术创新、可持续发展、海陆协同、国际协作等开发、利用、保护、依托海洋的经济活动的总和。

人海和谐是经济高速发展时期人类和海洋的最佳相处模式，同时也是人海关系的理想状态。公平分享海洋利益、可持续地利用海洋资源、人与海洋和谐共处是人类社会追求海洋文明的新理念，是海洋中心城市贯彻创新、协调、绿色、开放、共享新发展理念的具体要求。树立全新的海洋观念，发展人海和谐海洋文化，以此融入海洋经济，使海洋经济得到合理、有序、协调和可持续发展，建构新时期人海关系的基本准则，是未来海洋中心城市建设的生态必由之路。

（执笔人：曾江宁）

智慧海岸

——科技融创的重要舞台

潮起潮落，汇富聚才

海洋，时而风平浪静，时而汹涌澎湃。面朝大海，春暖花开，是对质朴和自由的人生向往，是对永恒与未知的探索追求。当你站在海边远眺深邃而美丽的蓝色海洋，是否会想：大海的尽头在哪里？答案是海岸。

海岸带，外表千姿百态，内有无数宝藏，是我们的生命线、幸福线。我国作为海洋大国，拥有总长度达3.2万千米的海岸线，其中，大陆海岸线长达1.8万千米，北起辽宁的鸭绿江口，南达广西的北仑河口，50多个海滨城市宛如颗颗璀璨夺目的明珠镶在万里海疆之上，构成了中国海洋的形象。我国占全国总面积13%的海岸带地区，集中了70%以上的大城市，滋养了45%的人口，汇集了60%以上的社会财富，在经济社会发展和生态文明建设全局中具有重要战略地位。

当前，海平面上升、风暴潮、石油泄漏、赤潮等多灾耦合已对中国沿海地区发展造成严峻挑战。而滨海湿地作为重要的海岸带生态系统，是地球上生产力、生物多样性和生态服务价值最高的生态系统之一，也是对气候变化响应极为敏感、受人类强烈干扰的生态系统。尤其是随着海岸带开发强度不断加大，出现了海岸湿地不断萎缩、生物多样性降低、环境污染严重、海岸线生态空间挤占等突出问题。我国海岸海洋开发与保护面临巨大的矛盾，海洋灾害成为影响区域发展的重要制约因素，开展智慧海岸研究具有重要的现实意义。

数字海洋，智慧海岸

中国自古就有“舟楫为舆马，巨海化夷庚”的海洋战略和“观于海者难为水”的海洋意识。历史的时针拨至今天，海洋依然是我们赖以生存的“第二疆土”和“蓝色粮仓”。

党的十九大提出“坚持陆海统筹，加快建设海洋强国”的战略部署，明确加大海洋科技攻关力度，加强海洋生态文明建设，高水平管海护海，深度参与全球海洋治理，走依海富国、以海强国、人海和谐、合作共赢的发展道路，力争早日建设成为海洋经济发达、海洋科技领先、海洋生态良好、海洋文化先进、海洋维护有力，在涉海领域拥有强大综合实力的海洋强国。

“在未来的数字海岸海洋中，各种海岸上、海洋上以及船舶、航空、航天上的传感器将组成一个无阻碍的传感网络，实时实地地获取各类信息，然后，通过卫星、因特网等网络进行数据、计算、知识等的交互，完成海洋环境的模拟、预测预报，并以数据、文字、图形、图像和视频等方式，通过因特网、手机、电视等网络，提供各种信息或知识给公众，为科学研究、开发利用、国防建设和综合管理提供基础平台，为防灾、减灾和救灾以及应对区域突发事件等提供辅助决策信息等。”这是中国科学院院士周成虎在2006年就提出的“数字海岸海洋”理念，开拓了我国海洋资源与环境信息系统研究。

“数字海洋”随着“数字地球”理念应运而生。智慧海洋是在海洋数字化、透明化的基础上，应用智能化信息技术和先进的海洋装备技术发展而成的海洋智慧化高级形态（图14）。以完善的海洋信息采集与传输体系为基础，以构建自主安全可控的海洋云环境为支撑，将海洋权益、管控、开发三大领域的装备和活动进行体系性整合，运用工业大数据和互联网大数据技术，实现海洋资源共享、海

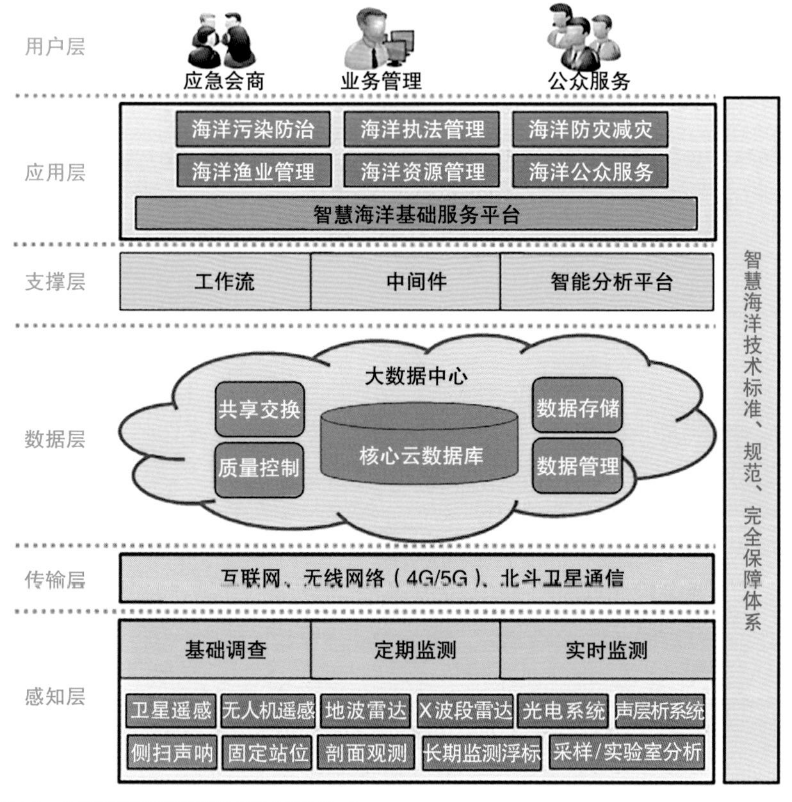

图14　智慧海洋系统架构（张华国/绘）

洋活动协同，挖掘新需求，创造新价值，达到智慧经略海洋的目的。

智慧海洋是信息与物理融合的海洋智能化技术革命4.0，是认识和经略“碳中和”的核心支撑工程，也是经略海洋的神经系统和海洋强国建设的长远战略抓手。海洋技术革命进入智能服务时代，用智慧去开发利用海洋资源、建设海洋生态文明和保障国家海洋安全，当前，在推进智慧海洋建设取得重大成就的同时，也存在海洋信息资源既散又弱，关键设备依赖进口，覆盖范围、观测要素、时效精度和数据质量亟待提升等方面的问题。针对当前的不足，智慧海洋的发展定位应是引导我国海洋智能化技术革命4.0的信息基础能力建设，主要包括海洋信息智能化基础设施建设，以及核心海洋智能科技创新与核心信息装备研发；尊重地方特点，助力地方海洋产业发展，发展智慧海产、智慧滨海旅游、智慧港口、智慧海洋生态监管；聚焦5G、人工智能、大数据、超算、区块链等新一代信息技术，为电子信息技术与海洋经济的深度融合提供强大的动力。

科技引领，向海而兴

大数据、超算和人工智能被誉为带动海洋科学发展的“新三驾马车”，自然而然成为智慧海洋建设的核心支撑。

近年来，伴随着海洋观测技术的进步与发展，围绕海洋大数据的获取，我国已基本形成了“空天地海”多元立体化的采集系统。随着海洋观测技术的进步，海洋大数据来源更加丰富，如卫星遥感、海洋遥感、水下遥测、基因测序、浮标资料、数值模拟、数据同化等。与此同时，海洋大数据量呈现急速增加、种类多样化的发展趋势。

拥有海洋大数据可以更好地认识海洋，而掌控海洋大数据才能更好地经略海洋，超算便是掌控海洋大数据的关键。青岛海洋科学与技术试点国家实验室拥有目前全球海洋科研领域运算速度最快的P级超级计算机，每秒运算速度最快可达2.6千万亿次，并构建了目前全球速度最快的百G超宽网络、百公里毫秒级超低延时超算互联网。海洋试点国家实验室超算中心、国家超算济南中心、国家超算无锡中心三个中心的超算大科学人工智能和大数据公共支撑平台装置统一互联，构建形成了一套超算大科学装置群。在超算互联网体系中，神威E级原型机、神威太湖之光、神威蓝光、浪潮千万亿次超级计算机共同服务于海量、多源、异构的海洋大数据分析处理，助力海洋强国建设。

随着大数据的汇集、理论算法的革新和计算能力的跨越式提升，以及脑科学和人工智能技术的进一步发展，以类脑智能为代表的新一代人工智能技术逐渐绽放光芒。这也给以人工智能和大数据技术为基础打造的“深蓝大脑”提供了跃升的机会。未来的“深蓝大脑”将面向浩瀚海洋，实现从机器智能向类脑智能的转化，实现从机器学习到深度学习再到自主学习的跨越，从而在信息处理机制上类脑、认知行为和智能水平上类人，使机器拥有人类认知能力及协同机制，实现对未来“透明海洋”系统的智能自驱动、自发现和自演进。

我国数字海洋信息基础框架于2011年正式完成建设，打造数字海洋信息基础平台和数字海洋原型系统，为我国海洋信息化发展奠定了坚实基础。2017年，国家海洋技术研究中心建立海洋空间信息系统，实现了传感网、数据网、分析网、可视网的融合。2018年，国务院机构改革方案提出，将国家海洋局的海洋环境保护职责整合归入生态环境部，并实现由国家到省（自治区、直辖市）的统一改革。这是“海洋强国”战略中的一项重要顶层设计，实现了海洋的统一管理发展。青岛海洋科技与技术试点国家实验室牵头，与十余家领域优势企业合作，青、烟、威等七地市政府共同支持的智慧海洋大数据共享支撑平台于2018年启动建设。2022年，舟山市政府与浙江大学、自然资源部第二海洋研究所共建东海实验室，加强与省海港集团等合作，聚焦海洋环境感知、海洋动力系统、海洋绿色资源等方向，开展应用导向的基础研究、核心技术攻关与成果转化，提升海洋装备研发、资源开发、灾害治理能力，支撑海洋数字经济、智能装备和清洁能源产业发展。与此同时，国内一些科技公司与企业、政府联合，开始逐步参与智慧海洋的建设中：中船重工与浙江舟山联合打造国家智慧海洋舟山示范区，构建中国（舟山）智慧海洋产业基地。中国电子科技集团建立的海洋信息网络服务体系——“蓝海信息网络”，旨在打造结合“天、空、岸、海、潜”的海洋综合信息网络与军民融合海洋信息共享服务平台。北京海兰信数据科技股份有限公司、中国海洋石油集团有限公司、中国电子科技集团有限公司、中国科学院遥感研究所等单位将合作建设覆盖全国的“近海雷达综合监视监测系统”。以青岛励图高科信息技术有限公司为主打造的地方智慧海洋主体工程目前已经在温州投入使用，联合黄海水产研究所打造的智慧海洋水产养殖服务平

智慧海洋可为港口智慧管理提供支撑（曾江宁/摄）

台也将在河北投入使用。

我国海岸犹如一弧长弓，创新技术如利箭，终将划破深邃的蓝色大洋，呼啸于全球化进程中。

（执笔人：王小珍）

自然是生命之母，人与自然和谐共生直接关系人类未来发展的命运。“万物各得其和以生，各得其养以成。”中华文明历来强调天人合一、尊重自然。5000多年的中华文明在人与自然和谐共生中发育成长、生生不息、绵绵不绝。本篇以倡导绿色、共享的新发展理念为指导，包括师法自然、尊重自然、高质量发展、海洋丝绸之路，是在百年未有之大变局、新型冠状病毒变化起伏的背景下，海洋生态学者对未来的思考，也是滨海湿地的生态智慧分享。

天人合一共和谐
——人类发展

师法自然——海岸带可持续发展的中国智慧

师法自然，打造人海和谐

“横看成岭侧成峰，远近高低各不同”，海岸带类型多种多样，不同的类型有着不同的“水土气生”，环境特征也不尽相同。去认识和了解它们的变化、内在规律和特点是开展生态修复的前提，需要专家、学者和相关科研人员一点一滴的科学调查和探索。海岸带生态修复是一项复杂的系统工程，唯有“师法自然”，修复治理效果才不会跑偏，才能让“山水林田湖草沙冰”这一生命共同体重获强大生命力。“师法自然”要牢固树立和践行“绿水青山就是金山银山”理念，尊重自然、顺应自然、保护自然，像保护眼睛一样保护海岸带生态环境，像对待生命一样对待海岸带生态环境。遵循自然生态系统演替规律，充分发挥海岸带生态系统的自我修复能力，避免人类对其过多干预，促进人海和谐，携手共筑海岸带生态系统的可持续发展。“师法自然”不应仅仅通过自然和人工手段进行退化湿地的修复，还原本来的“美景”，而要更深入地探寻生态系统内部之间的规律和关系。如何使生态系统内所有的生物有机体与环境之间的关系有效地持续运行更为重要。

互花米草入侵滩涂（谢宝华/摄）

实践自然修复工程，提升海岸带系统生态功能

黄河口互花米草治理——因地制宜提升生物多样性。互花米草是我国首批公布的9种最危险的入侵植物之一，严重威胁着我国海岸带生态安全。谈到互花米草的危害，中国科学院烟台海岸带研究所研究员韩广轩十分感慨："山东省互花米草从2011年呈现指数增长，它的入侵严重损害了本土物种，如盐地碱蓬和芦苇，降低了黄河三角洲滨海湿地的生物多样性。"

黄河三角洲滨海湿地互花米草治理较为困难，通过多年的科研攻关，科研团队在弄清分布现状与入侵机制的基础上，探索建立了不同潮滩位的互花米草治理关键技术体系，包括贴地刈割、"刈割＋翻耕""刈割＋梯田式围淹"

等方法（图15）。团队研发了潮间带简易高效的生态围堰工程技术，并开展机械化工程治理实践，在黄河三角洲滨海湿地建立了100亩互花米草治理示范区，这也是我国北方面积最大的互花米草治理示范区，推广治理面积2000亩。“连续4年的跟踪监测表明，示范区内没有再出现互花米草；同时，由于示范区内营造了浅水生境，本土海草得以自然恢复。”黄河三角洲自然保护区管理局副县级干部耿沛华介绍。“该技术体系以物理防治为主，对环境扰动小，治理后有利于本地物种恢复。由于是因地制宜，综合治理成本低，治理效果好，不同方法的一次性灭草效果均超过90%。”中国科学院烟台海岸带研究所副研究员谢宝华介绍道。这种因地制宜的治理体系，让“师法自然”的理念得以更广泛地在山东青岛、海阳、烟台等地实施，为山东全省互花米草防治攻坚战和生态文明建设作出了积极贡献。

日照市海岸带生态修复——退港还海打造旅游新海岸。“水天相接，蔚蓝的大海一望无垠，碧海沙滩，鸟儿翱翔天际，游客乘坐小火车蜿蜒穿行在沿海黑松林中，于幽静中倾听大海的独奏，仿佛来到人间仙境。”日照的阳

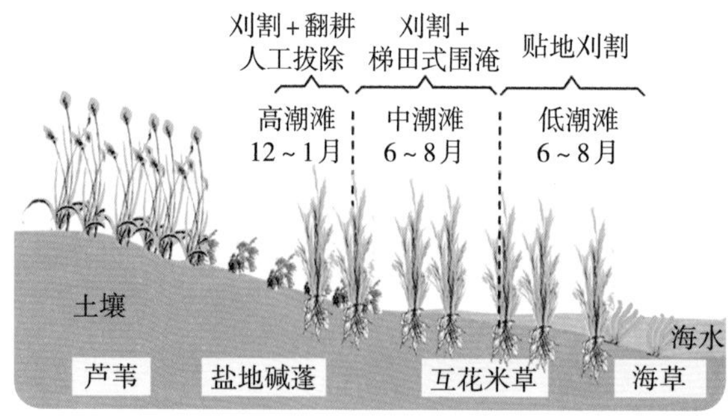

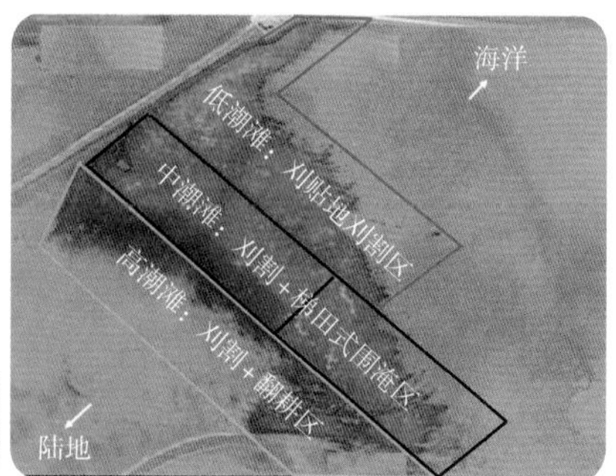

图15　滨海湿地互花米草治理关键技术体系（韩广轩和谢宝华/绘）

光海岸绿道给游客留下了印象的深刻。黄海之滨的山东省日照市，因港而生、因港而兴。近年来，日照市启动全国首个港口工业岸线退港还海、修复整治生态岸线项目，在保留松林、沙滩、礁石和湿地资源的基础上，进行海岸带生态修复，打造出28千米的阳光海岸绿道，并配套城市书房、海洋美学馆等文化设施，打造市民亲海休闲空间。一条生态“绿丝带”正在城市黄金海岸线上徐徐展开。难以想象，这里曾经是一片拥挤繁杂、卫生环境极差的小海港。如今，日照摇身一变，成了众多游客新一轮的网红打卡地。日照海岸带生态修复不仅改善了当地人居环境，而且也带动了周边的经济发展，打出了日照市旅游的金字招牌——蓝天、碧海和金沙滩。

红树林恢复——生态效益和经济效益双丰收。红树林在净化海水、防风消浪、固碳储碳等方面发挥着重要的生态服务功能，有“海岸卫士”和“海洋绿肺”的美誉。近年来，由于沿海地区开发强度加大，大规模围（填）海造成滨海湿地丧失，加之近海海水污染、过度捕捞等，我国红树林面积锐减。为了找出最恰当的资源保护与可持续利用的“中国智慧”的方法，扎根北海红树林研究30年的范航清和团队创建了“地埋管道红树林原位生态养殖”模式。他们通过小规模实验，实现在滩涂泥地下埋设管道配合沉箱养殖鱼类，滩涂泥地上正常生长红树林，林间海水中保育和增殖底栖动物。“在埋管、沉箱中养殖的是本地乌塘鳢，平均年产75千克/亩，产值9000元/亩，是同面积红树林天然海产品价值的20倍以上。”范航清说。福建漳江口红树林国家级自然保护区，是我国北回归线北侧种类最多、生长最好的红树林天然群落。为了保护红树林生态资源，当地近年来采取清退养殖和补种树苗等多项修复举措，目前红树林总面积达到了274.1公顷，比2019年测量结果多出了5.6公顷。春日里，越来越多的鸟类前来栖息、觅食和嬉戏，一幅清新自然的生态画卷展现在众人面前。

践行绿水青山和美丽海湾理念，推动海岸带可持续发展

为推进生态文明建设，践行绿水青山就是金山银山和美丽海湾的理念，针对我国湿地退化的实际情况，国家和各级政府都出台了相关的法律和治理规范。山东省市场监督管理局印发了《2021年度“山东标准”建设项目计划通知》，其中，由自然资源部第一海洋研究所承担的《海岸带保护与利用规划编制规程》成功立项，这也是全国首个“海岸带保护与利用规划”标准。2016—2020年，我国累计整治修复岸线1200千米，滨海湿地2.3万公顷。更重要的是，《中华人民共和国湿地保护法》(以下简称《湿地保护法》)是我国首部专门保护湿地的法律，共7章65条，立足湿地生态系统的整体性保护修复，确立了湿地保护管理顶层设计的“四梁八柱”。《湿地保护法》于2022年6月1日起正式实施，标志着我国湿地保护全面进入法治化，填补了生态系统立法空白。国家林业和草原局湿地管理司副司长鲍达明表示，力争到“十四五”末，我国湿地保护率提高到55%，恢复湿地100万亩，营造红树林13.57万亩，修复红树林14.62万亩。

我国海岸带是推进生态文明建设、实施国家重大战略、开展自然资源综合管理的主战场，应加强海岸带生态

美丽海湾（于冬雪/摄）

环境保护，开发“师法自然”恢复体系，促进人海和谐共生。《湿地保护法》的实施，将会更加全面系统地推进海岸带的保护与修复，推动海岸带可持续发展。在未来的发展中，我们应坚持自然恢复为主、自然恢复和人工修复相结合的原则，高质量提升海岸带生态服务功能，更好地发挥滨海湿地在生态文明建设和经济社会发展中的重要作用，为实现人与自然和谐共生美好愿景发挥更大作用，让公众享受到“水清滩净、岸绿湾美、鱼鸥翔集、人海和谐”的美丽海岸带。

（执笔人：赵明亮、韩广轩）

尊重自然
——疫情带来的改变

疫情迫使人类进行生态思考

瘟疫、战争、灾难……这些词注定会为2022年打下深深的烙印。1月15日，位于南太平洋岛国汤加境内的火山爆发，猛烈的喷发规模宛如引爆了巨型核弹，火山灰形成的蘑菇云笼罩了整个汤加王国。彼时，汤加举国受难，不过因为担心新冠病毒随救援队伍和物资传入海岛，政府在是否接受国际援助方面犹豫不决。

而新冠病毒，在太平洋西海岸也搅乱了多个滨海城市的正常秩序。我国国际滨海大都市香港、深圳、上海则先后顽强地与大规模的新冠病毒斗争着。城市静默、物理消杀、空间管控、核酸检测替代了日常作息。

从2019年暴发开始年，新型冠状病毒肺炎（简称“新冠肺炎”）疫情一次次粉碎了人类认为其将逐渐消失的乐观期盼。而关于新冠病毒的来源与变种，也在媒体的各种解读中以及俄乌战争的推动中，变得更加扑朔迷离。病毒因气候变暖而从北极冰盖下释放，病毒来自蝙蝠携带，病毒是自然进化的产物……各种观点或见于科学刊物，或来自机构推理。但无论如何，新冠病毒的进化与变异没有停滞，必将在地球生态系统中长期存在，新冠肺炎疫情也已经造成了现代文明史中的世界级灾难。

所以，我们不得不反思：今后的日子，人类应该如何在地球生存？应该如何与自然相处？

事物在运动中不断发展，形势亦在人与病毒的交互中不断转化，否极泰来。新冠肺炎疫情对于人类而言，无疑是巨大的灾难，但并非一无是处。新冠病毒肆虐全球的第二年，全球生态足迹网络（Global Footprint Network）向世界展示了一个令人略显振奋的数字，2020年地球生态平衡日比2019年推迟了3个多星期，于8月22日到来，意味着人类的生态足迹比同期减少了9.3%，这是由新冠病毒大流行引发全球封锁的直接后果。生态平衡日，也被称为地球生态超载日、“生态越界日”或“生态负债日”，是指地球当天进入了本年度生态赤字状态，表明人类已用完了地球本年度可再生的自然资源总量。

面对近年突如其来的新冠肺炎疫情，全球经济活动放缓甚至停滞，木材采伐量及化石燃料燃烧产生的二氧化碳排放量等都大幅减少，地球资源“透支”的日子有所延缓是情理之中的事。而相较于全球经济严重衰退的事实，地球超载日仅仅推迟了24天，实属意料之外。新冠肺炎疫情，某种程度上，对快速奔驰的“地球列车”轻踩了一脚刹车，稍稍减缓了人类对于地球生态资源的利用速度。疫情，令人类疾驰的脚步慢下来，让人类有了时间思考，让生态有了时间缓冲。

后疫情时代，人类亲近自然、走入自然的渴望发生了微妙的变化。受疫情极大压抑的亲近自然愿望将会爆发性增长。2021年国庆节苍南滨海旅游的一组数字便很好地诠释了这种愿望：国庆节10月1~7日，苍南全县重点旅游景区和景点累计接待游客46.96万人次，同比增长了2.58%，实现旅游总收入5.16亿元，同比增长了9.23%，旅游市场复苏势头明显。苍南滨海景区、168生态海岸带旅游更是火爆增长。国庆假日首日，苍南县渔寮、炎亭两大滨海景区接待游客便超过1.5万人次，渔寮游客接待量达到疫情防控规定的最大承载量，成为国庆假期第一天苍南的热门景区。

人类需给自然留住生态空间

地球的陆地和水域空间中，鸟兽虫鱼，万物共生。这些物种与人类共同生活在美丽的蓝色星球。2022年，世界湿地日、土地日、海洋日三个重要日子，都强调了人与自然和谐共生。如何做到和谐共生，是后疫情时代的重要命题，需要合理分配生产、生活和生态空间。在人类生产生活，谋求自身发展的同时，需要留出一定生态空间给自然万物，即给自然留白，留出一定比例的野化生态空间，这既是对自然的尊重，也是对自然的保护。

尊重自然，需要对自然敬而远之，亲近自然而与自然界的鸟兽鱼龟等动物保留一定距离，给自然足够的生态空间。这种距离体现了生态伦理，是对自然、对生态系统的尊重。滨海湿地作为承载人类活动的空间，其生态活力、自然属性将得到更广泛的认可。滨海湿地空间过度开发的行为将会缓解，滨海湿地生态功能恢复将得到公众进一步认可，滨海湿地修复中的生态理念将更易普及。生态、生产、生活空间的合理布局将在基于自然的理念下得到充分发挥。

远观而非亵玩，在公众参与社会治理的活动中将成为主要方式之一。远距离观赏自然生态景观的新方式将获得更多关注。2022年5月22日——世界生物多样性日，上午9点，一场名为“飞越山海　神鸟徙来”神话之鸟中华凤头燕鸥的慢直播活动，由天目新闻网络平台开启了连续40天的首播。直播活动由浙江省林业局、浙江省野生动植物保护协会主办，浙江省野生动植物保护管理总站、舟山市自然资源和规划局、舟山市自然资源和规划局定海分局承办。直播现场由4个无人值守摄像头多角度展示，浙江舟山定海五峙山列岛迎来“返乡客”，大凤头燕鸥和中华凤头燕鸥会在后续一段时间内，在美丽的海岛上完成产卵、孵卵、育雏等生命活动。

“绿水青山就是金山银山”，碧海银滩也是金山银山的理念将进一步深入人心。山水林田湖草沙冰的生态系统观和整体观，将在滨海湿地的人海关系构建中居于主导地位。2022年6月8日，恰逢第十四个世界海洋日，第十五个“全国海洋宣传日”，中国自然资源部确定当年的活动主题为“保护生态系统，人与自然和谐共生”，并在“十四五”期间沿用该主题。相信取之有度、用之有节的中国传统文化将在生态文明建设中更自觉、更自律，未来海咸河淡、鳞潜羽翔的滨海湿地传统画面将随中华文明绵延流长。

（执笔人：曾江宁）

高质量发展——新时代滨海湿地保护与建设之路

走近滨海湿地，筑生态安全格局

滨海湿地仅占地球表面积的1%，但它与人类的生存和发展息息相关，在人与自然和谐共生中发挥着重要作用。

滨海湿地是国际生物多样性保护的热点区域，具有丰富的遗传多样性、物种多样性、生态系统多样性以及景观多样性，对全球生物多样性的维持起着重要作用。通常情况下，滨海湿地物种的遗传多样性高于淡水和陆生物种，从同一物种的亚种群来看，滨海湿地内的群体杂合性一般也高于淡水种群。全球近海生态系统拥有30多个动物门，远高于内陆湿地的14个动物门，以及陆地生态系统的11个动物门。滨海湿地为大量的极危、濒危和易危物种提供了栖息地。截至2022年4月，《国际自然保护联盟濒危物种红色名录》中以滨海湿地为栖息地的物种多达4880种。

人类社会发展的历史从沿江沿河，逐步走向河口三角洲，进而沿海岸线向海而生，湿地推动了人类文明的发展。如今，全球40%以上的人口生活在沿海100千米的范围内，海岸带已成为全球经济发展的黄金地带，人口在250万以上的城市中有2/3位于海岸带附近。

滨海湿地位于陆地和海洋两大生态系统的交汇处，是陆海关系最为密切的区域。滨海湿地的健康与否直接影响着陆地和海洋两大生态系统区域联动和协同治理。海岸带作为重要生态安全屏障的作用逐渐为人们认可，我国就出台了国家层面的构建海岸带-海岛链-海洋保护区为一体的“一带一链多点”海洋生态安全建设格局。沿海十一省（自治区、直辖市）接近600万公顷的滨海湿地，是海岸带、海岛链、海洋保护区中的主要组成部分，滨海湿地已经成为我国海洋生态安全建设的重中之重。

保护滨海湿地，促进高质量发展

滨海湿地既是众多水生动植物的家园，也在人类社会生态文明建设中发挥着重要作用，具有涵养水源、降解污染、净化水质、调节气候、拦截陆源污染、固碳、护岸减灾、提供生物栖息地、维持生态平衡等功能。滨海湿地是许多近海海洋生物的栖息地和繁殖地，也是候鸟迁徙的“中转站”，为人类呈现鹤舞鹿奔伴海潮、万类霜天竞自由的自然美景；滨海湿地可为近海渔业资源提供产卵场、索饵场、越冬场和洄游通道，并为社会经济发展提供所必需的土地、食物、食盐等资源，让人类享受鱼虾逐海满仓归、产业振兴同富裕的丰收喜悦；滨海湿地还可截留陆源氮、磷污染物，减少赤潮、褐潮、绿潮等有害藻华的发生，甚至抵御台风、海啸等海洋自然灾害，缓冲全球环境变化的负面影响，令人类免遭贪食鲜贝忧藻毒、临海而居恐屋毁的心理压力。

滨海湿地生态系统为高质量发展提供着物质基础和空间载体。但不可忽视的是，中国滨海湿地位于人口稠密、

舟山的滨海湿地（陈斌/摄）

经济发达的沿海地区，受到沿海自然资源开发、全球气候变化等因素的共同影响，滨海湿地生态系统极其敏感脆弱，退化现象普遍且严峻，主要表现在湿地面积萎缩，栖息地退化，工程建设挤占生态空间，阻隔生态连通，富营养化加重引发生态灾害，全球气候变化导致海水升温、海平面上升，海洋酸化问题持续影响滨海湿地等方面。

2012年，党的十八大首次把生态文明建设纳入中国特色社会主义事业“五位一体”总体布局，着手系统破解经济发展与生态保护的协调难题。如今，坚持创新、协调、绿色、开放、共享的新发展理念，着眼推动高质量发展，已成为我国促进人与自然和谐共生的普遍认识和行为准则。为了加强湿地保护，维护湿地生态功能及生物多样性，保障生态安全，促进生态文明建设，实现人与自然和谐共生，《中华人民共和国湿地保护法》于2022年6月1日起施行。湿地资源管理、湿地保护利用、湿地修复等工作有了法律准绳。

2015年，联合国峰会正式通过的《2030年可持续发展议程》中明确了与滨海和海洋直接相关的可持续发展目标。国际海岸带陆海相互作用计划及国际未来地球海岸计划也一直致力于海岸带地区的可持续发展。近年来，联合国公布的“联合国生态系统恢复十年（2021—2030年）”行动计划、“联合国海洋科学促进可持续发展十年（2021—2030年）”实施计划对滨海湿地的保护、管理和修复提出了新的要求。

建设滨海湿地，坚持新发展理念

改革开放40多年来，我国沿海地区正日益成为经济增长的压舱石、国家制造业中心、打造创新型国家的前沿地带、开放型经济建设的排头兵、绿色发展的示范窗口，具备了高质量发展的典型特征，将有效带动内陆地区步入高质量发展的正轨，形成对整个国家高质量发展的有力支撑，塑造区域协调发展新格局。

学者孙永久撰文指出，在新时代背景下，沿海地区高质量发展需把握京津冀协同发展、长江三角洲一体化、粤港澳大湾区建设的历史性机遇，以结构优化与空间重组为引领，实施沿海地区高质量发展的产业升级战略；以产研融合与园区营造为驱动，推行沿海地区高质量发展的自主创新战略；以贸易相通与制度创新为抓手，设计沿海地区高质量发展的对外开放战略；以可持续发展能力培育为核心，形成沿海地区高质量发展的生态文明战略。也就是说，要将新发展理念融入滨海湿地的保护与管理中。

促进滨海湿地高质量发展，实现人海和谐的路径包括：一是陆海统筹，构建生态系统保护体系；二是建设布局合理、富有弹性的滨海湿地保护地网络；三是推进基于自然的滨海湿地生态系统保护修复；四是严防生物入侵，保护本土滨海湿地生态系统；五是探索滨海湿地生态产品价值实现方式；六是推进滨海湿地适应和减缓气候变化行动。加强滨海湿地建设管理，让蓝色海洋与绿色低碳成为高质量发展的底色，共同推进沿海地区实现高质量发展的新腾飞。

（执笔人：曾江宁）

海洋丝绸之路——文明传承与互鉴

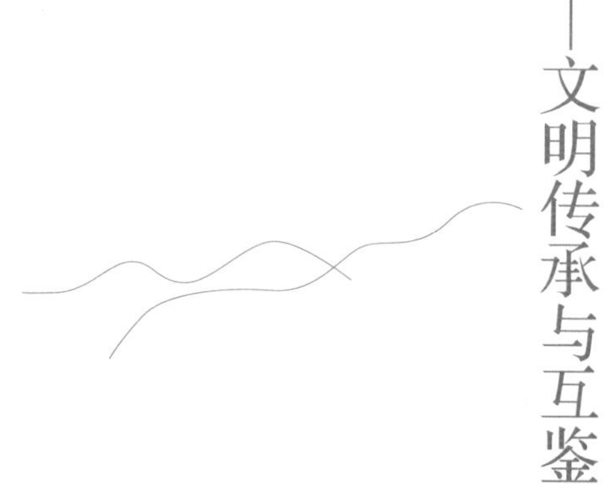

海洋丝绸之路的历史与未来

600多年前，郑和七下西洋开启了中国同东南亚、西亚和东部非洲的海上丝绸之路，用香料和瓷器促进了海外贸易扩大，带动了中外经济交流与发展，用文明和情感传播了中华文明，促进了中外文化的双向交流和共同进步。时光推进到21世纪，区域内新兴市场国家和发展中大国快速兴起，亚太地区持续成为拉动世界经济增长的主引擎。在此背景下，2013年10月3日，国家主席习近平在印度尼西亚国会发表题为《携手建设中国-东盟命运共同体》的重要演讲中首次提出共同建设21世纪“海上丝绸之路”，引起国际社会的强烈响应。

习近平主席、李克强总理等国家领导人先后出访20多个国家，出席加强互联互通伙伴关系对话会、中阿合作论坛第六届部长级会议，就双边关系和地区发展问题，多次与有关国家元首和政府首脑进行会晤，深入阐释“21世纪海上丝绸之路”的深刻内涵和积极意义，就共建“21世纪海上丝绸之路”达成广泛共识。

2017年6月19日，国家发展和改革委员会与国家海洋局联合发布《“一带一路”建设海上合作设想》，提出共同建设中国－印度洋－非洲－地中海、中国－大洋洲－南太平洋，以及中国－北冰洋－欧洲三大蓝色经济通道。海上丝绸之路合作共建的国家进一步拓展。

21世纪海上丝绸之路倡议呼吁新的海洋秩序，推动全球海洋从分割走向统一与联合，构建海洋命运共同体；倡导全球民主、权益平等，推动共享海洋经济发展的机会和繁荣；倡言海洋生态环境保护，推动共建绿色发展、利益共享的海洋；倡扬文明传承的和平之歌，推动人类文明的复兴和互鉴。海上丝绸之路就像一条蔚蓝色的彩带，重新焕发夺目光彩，穿越历史沧桑，连接东西南北，承载时代重任，传递和谐情谊，张开双臂迎接新时代的到来，传承和提升古丝绸之路。

发展延续文明，发展依赖科技

当前，全球海洋形势严峻，过度捕捞、环境污染、气候变化、海平面上升、海洋垃圾、生物入侵等问题时有发生，制约着人类社会和海洋的可持续发展。进一步完善全球海洋治理已经成为国际社会共同面临的重要课题。

“保护和可持续利用海洋和海洋资源以促进可持续发展”被写入联合国《2030年可持续发展议程》目标14。其中第7项内容为：到2030年，增加小岛屿发展中国家和最不发达国家通过可持续利用海洋资源获得的经济收益，包括可持续地管理渔业、水产养殖业和旅游业。附加项a的内容为：根据政府间海洋学委员会《海洋技术转让标准和准则》，增加科学知识，培养研究能力和转让海洋技术，以便改善海洋的健康，增加海洋生物多样性对发展中国家，特别是小岛屿发展中国家和最不发达国家发展的贡献。《2030年可持续发展议程》认为实现这些目标的根本途径是“全球高度参与，把各国政府、私营部门、民间社会、联合国系统和其他各方召集在一起，调动现有的一切资源”，并提出“全球范围内的科学、技术和创新合作、能力建设、技术转移等对于实现这些目标至关重要”。

2020年12月，第75届联合国大会通过决议，批准实施《联合国海洋科学促进可持续发展十年规划（2021—2030年）》，以遏制海洋健康不断下滑的态势，使海洋在人类长期可持续发展中继续提供强有力支撑。

习近平主席指出：“海洋对于人类社会生存和发展具有重要意义。海洋孕育了生命、联通了世界、促进了发展。我们人类居住的这个蓝色星球，不是被海洋分割成了各个孤岛，而是被海洋联结成了命运共同体，各国人民安危与共。海洋的和平安宁关乎世界各国安危和利益，需要共同维护，倍加珍惜。”“以海洋为载体和纽带的市场、技术、信息、文化等合作日益紧密，中国提出共建21世纪海上丝绸之路倡议，就是希望促进海上互联互通和各领域务实合作，推动蓝色经济发展，推动海洋文化交融，共同增进海洋福祉。”海洋科技合作是海洋命运共同体构建的顺势之举、必然之举，也是科技外交的重要组成部分。

2016年3月25日，首届21世纪海上丝绸之路岛屿经济分论坛上，来自中国（海南省）、新西兰、马耳他、斯里兰卡、韩国（济州岛）、泰国（普吉府）、马来西亚（槟城州）等与会各方岛屿经济体代表共同签署并发布了《论坛宣言》，提出从开放和联通、海岛旅游、海洋经济、农业发展、科技与金融、人文交流等6方面切实推动岛屿合作，构筑岛屿发展命运共同体。《论坛宣言》指出，面对共同的挑战和机遇，增进岛民的福祉、追求可持续发展、向往人与自然和谐共生，是所有岛屿地区的共同愿景。论坛将致力于构筑全球岛屿命运共同体；发展外向型岛屿经济，融入全球市场和国际分工；构建海上丝绸之路岛屿经济带。《论坛宣言》倡议，岛屿地区共同加快交通等基础设施的开放与联通，培育和增进区域合作，加速融入全球经济一体化；共同致力于发展绿色、生态的海岛旅游，打造岛屿邮轮旅游经济圈；加强海洋经济领域的互利合作以及海洋公共服务方面的互学互鉴，打造岛屿发展的“蓝色引擎”；增进人文领域交流合作，为扩大合作、共谋发展奠定民意基础。

与“一带一路”海洋、海岛国家携手共建海洋命运共同体与岛屿发展命运共同体，服务全球生态安全与保护、海洋防灾减灾与海岛可持续发展，是中国同“一带一路”海洋国家开展科技合作与科技外交共同的努力目标。

共享互鉴，构建蓝色伙伴关系

2022年6月29日，在葡萄牙里斯本召开的2022年联合国海洋大会会议期间，中国自然资源部主办了“促进蓝色伙伴关系，共建可持续未来”的官方边会，并正式发布“蓝色伙伴关系行动”（Blue Partnership Action Fund）（以下简称蓝伙行动）项目计划。边会由世界经济论坛海洋行动之友、北京市企业家环保基金会、中国海洋发展基金会、全球滨海论坛国际筹建工作组等共同承办。

蓝伙行动项目是由SEE基金会联合浙江蚂蚁公益基金会等社会公益力量共同发起，通过推动社会公益组织、爱心企业、科研院所、国际组织、各国政府机构等蓝色伙伴间的相互合作，协助自然资源部蓝色伙伴关系原则的推广，实现基于自然的解决方案的落地和推广，促进海洋生态系统的可持续利用和保护。

中国政府特使、自然资源部总工程师张占海发言指出，加强全球合作与伙伴关系是《联合国2030可持续发展议程》的目标之一，这与习近平主席提出的积极发展蓝色伙伴关系倡议高度一致。中国倡导“蓝色伙伴关系原则”旨在与各方在落实联合国可持续发展目标14过程中不断凝聚共识，推动建立开放包容、具体务实、互利共赢的蓝色伙伴关系，并以蓝色伙伴关系原则为基础，通过灵活多元的合作模式，调动各方资源，促进形成“全球蓝色伙伴关系合作网络”，共同开展保护和可持续利用海洋和海洋资源的行动。蓝伙行动的四个工作领域包括：推动生态保护方法的创新与提升、支持蓝色伙伴间的交流与能力建设、开展成果示范和政策推广、资助“小而美”的海洋保护行动。

蓝伙行动首期项目将聚焦于中国东盟区域，计划招募支持的议题包括：滨海湿地生态系统（如红树林、海草床、珊瑚礁等）保护与修复；蓝碳交易机制；海洋生物多样性保护与监测；海洋保护区的规划与设计监测；海洋生态廊道的调研与保护；海洋微塑料和海洋垃圾的监测以及与上述各议题相关的海洋科普宣教等公众活动。

汇众智，天下共美；集众力，命运共握。互学互鉴、分享共享，是丝绸之路智慧的传承，也是丝绸之路魅力的永恒，蓝色伙伴关系将为文明和智慧的传承开启新的篇章。

（执笔人：曾江宁、毛洋洋）

蔡朝阳, 何崭飞, 胡宝兰. 甲烷氧化菌分类及代谢途径研究进展[J]. 浙江大学学报(农业与生命科学版), 2016, 42(03): 273-281.

曹垒, 孟凡娟, 赵青山. 基于前沿监测技术探讨"大开发"对鸟类迁徙及其栖息地的影响[J]. 中国科学院院刊, 2021, 36(04): 436-447.

陈联寿, 罗哲贤, 李英. 登陆热带气旋研究的进展[J]. 气象学报, 2004, 62(05): 541-549.

陈一宁, 陈鹭真, 蔡廷禄, 等. 滨海湿地生物地貌学进展及在生态修复中的应用展望[J]. 海洋与湖沼, 2020, 51(05): 1055-1065.

冯立明, 姚曼. 海洋牧场打造海上旅游目的地[N]. 大众网, 2022-04-11.

高抒, 贾建军, 于谦. 绿色海堤的沉积地貌与生态系统动力学原理: 研究综述[J]. 热带海洋学报, 2021, 41(4): 1-19.

关道明, 刘长安, 左平, 等. 中国滨海湿地[M]. 北京: 海洋出版社, 2012.

韩家波, 王炜, 马志强. 辽东湾北部双台子河口的斑海豹[J]. 海洋环境科学, 2005, 24(1): 51-53.

侯西勇, 毋亭, 侯婉, 等. 20世纪40年代初以来中国大陆海岸线变化特征[J]. 中国科学: 地球科学, 2016, 46(08): 1065-1075.

胡红江. 振兴海洋盐业发展海洋化工促进海洋经济发展[J]. 海洋经济, 2011, 1(1): 21-27.

李建国, 袁冯伟, 赵冬萍, 等. 滨海滩涂土壤有机碳演变驱动因子框架[J]. 地理科学, 2018, 38(04): 580-589.

李晶, 刘昌岭, 吴能友, 等. 海洋环境中甲烷好氧氧化过程的研究进展[J]. 海洋地质与第四纪地质, 2021, 41(05): 67-76.

李睿倩, 徐成磊, 李永富, 等. 国外海岸带韧性研究进展及其对中国的启示[J]. 资源科学, 2022, 44(02): 232-246.

李银强, 余克服, 王英辉, 等. 珊瑚藻在珊瑚礁发育过程中的作用[J]. 热带地理, 2016, 36(01):19-26.

林加全，唐天勇．人海和谐海洋文化及其构建理路探究[J]. 西安文理学院学报(社会科学版) 2014, 17(05): 1-4.
林香红，彭星，李先杰．新形势下我国海岸带经济发展特点研究[J]. 海洋经济，2019, 9(02): 12-19.
刘亮，王厚军，岳奇．我国海岸线保护利用现状及管理对策[J]. 海洋环境科学，2020, 39(05): 723-731.
刘意立，李竺霖，何云峰．影响湿地甲烷产生、传输与氧化因素的研究进展[J]. 西北农林科技大学学报(自然科学版), 2014, 42(09): 157-162.
罗莉，李洪远，杜志博．基于CiteSpace的海岸带生态恢复知识图谱分析[J]. 水土保持通报，2019, 39(04): 151-157.
骆永明，韩广轩，秦伟，等．海岸带生态环境与可持续管理[M]. 北京：科学出版社，2021.
聂明．气候变暖下水圈甲烷排放及其微生物学机制[J]. 微生物学报，2020, 60(09): 1821-1833.
秦宇，黄璜，李哲，等．内陆水体好氧甲烷氧化过程研究进展[J]. 湖泊科学，2021, 33(04): 1004-1017.
邵亦文，徐江．城市韧性：基于国际文献综述的概念解析[J]. 国际城市规划，2015, 30(02): 48-54.
孙久文，蒋治．中国沿海地区高质量发展的路径[J]. 地理学报，2021, 76(02): 277-294.
王法明，唐剑武，叶思源，等．中国滨海湿地的蓝色碳汇功能及碳中和对策[J]. 中国科学院院刊，2021, 36(03): 241-251
王菲，张志国．打造候鸟迁徙的绿色通道[J]. 绿色中国，2020, 17(17): 58-61.
王洁，袁俊吉，刘德燕，等．滨海湿地甲烷产生途径和产甲烷菌研究进展[J]. 应用生态学报，2016, 27(03): 993-1001.
王丕烈，韩家波，马志强．黄渤海斑海豹种群现状调查[J]. 野生动物，2008, 28(01): 29-31.
王熙，王环珊，张先锋．由长江中的三种鲟到长江水域生态保护[J]. 华中师范大学学报(自然科学版), 2020, 54(04): 734-748.
王秀君，韩广轩，王菊英，等．黄渤海及其海岸带碳循环过程与调控机制[M]. 北京：科学出版社，2020.
王焰新，甘义群，邓娅敏，等．海岸带海陆交互作用过程及其生态环境效应研究进展[J]. 地质科技通报，2020, 39(01): 1-10.
王真，徐建华，赵晗，等．重塑滨海地区的新型“人地关系”[C]// 中国城市规划学会规划创新：2010中国城市规划年会论文集[M]. 重庆：重庆出版社，2010.
肖颖．让美丽岸线持续释放蓝色生产力[N]. 中国自然资源报，2022-06-07(003).
徐东霞，章光新．人类活动对中国滨海湿地的影响及其保护对策[J]. 湿地科学，2007, 5(03): 282-288.
严宏强，余克服，谭烨辉．珊瑚礁区碳循环研究进展[J]. 生态学报，2009, 29(11):6207-6215.
杨国桢．人海和谐：新海洋观与21世纪的社会发展[J]. 厦门大学学报(哲学社会科学版), 2005, (03): 36-43.
于君宝，周迪，韩广轩，等．黄河三角洲滨海湿地营养元素生物地球化学过程[M]. 北京：科学出版社，2018.
张洪亮，徐开达，贺舟挺，等．韭山列岛附近海域渔业资源分析[J]. 海洋渔业，2008, 30(2): 105-113.

张纪林，康立新，季永华．沿海防护林体系的结构与功能及发展趋向[J]．世界林业研究，1998, 11(01): 51-57.

《中国湿地百科全书》编辑委员会．中国湿地百科全书[M]．北京：北京科学技术出版社，2009.

ABBOTT K M, T ELSEY-Quirk, DELAUNE R D. Factors influencing blue carbon accumulation across a 32-year chronosequence of created coastal marshes[J]. Ecosphere, 2019, 10(8): e02828.

ALLDREDGE A L, KING J M. Near-surface enrichment of zooplankton over a shallow back reef: implications for coral reef food webs[J]. Coral Reefs, 2009, 28(4): 895—908.

ARIAS-Ortiz A, OIKAWA P Y, CARLIN J, et al. Tidal and nontidal marsh restoration: a trade-off between carbon sequestration, methane emissions, and soil accretion[J]. Journal of Geophysical Research: Biogeosciences, 2021, 126(12): 1-22.

BECK M W, LOSADA I J, MENÉNDEZ F, et al. The global flood protection savings provided by coral reefs[J]. Nature Communications, 2018, 9: 2186.

CHMURA G L, ANISFELD S C, CAHOON D R, et al. Global carbon sequestration in tidal, saline wetland soils[J]. Global Biogeochemical Cycles, 2003, 17: 1111.

DUARTE C M, WU JP, XIAO X, et al. Can seaweed farming play a role in climate change mitigation and adaptation?[J/OL]. Frontiers in Marine Science, 2017, 4:100.

FISHER R, O'LEARY R A, LOW-Choy S, et al. Species richness on coral reefs and the pursuit of convergent global estimates[J]. Current Biology, 2015, 25(4): 500-505.

HAN G X, SUN B Y, CHU X J, et al. Precipitation events reduce soil respiration in a coastal wetland based on four-year continuous field measurements[J]. Agricultural and Forest Meteorology, 2018; 256: 292-303.

HOEGH-Guldberg O, POLOCZANSKA E S, SKIRVING W, et al. Coral reef ecosystems under climate change and ocean acidification[J]. Frontiers in Marine Science, 2017, 4: 158.

IPCC. The Physical Science Basis, Contribution of Working Group I to the Sixth Assessment Report of the Intergovernmental Panel on

Climate Change. Cambridge, United Kingdom: Cambridge University Press, 2021.
KIRWAN M L, MEGONIGAL J P. Tidal wetland stability in the face of human impacts and sea-level rise[J]. Nature, 2013, 504: 53-60.
KIRWAN M L, Mudd S M. Response of salt-marsh carbon accumulation to climate change[J]. Nature, 2012, 489: 550-553.
LOSADA I J, MENÉNDEZ P, ESPEJO A, et al. The global value of mangroves for risk reduction [R]. Berlin. The Nature Conservancy, 2018.
LOVELOCK C E, REEF R. Variable impacts of climate change on blue carbon[J]. One Earth, 2020, 3 (2): 195–211.
MCLEOD E, CHMURA G L, BOUILLON S, et al. A blueprint for blue carbon: toward an improved understanding of the role of vegetated coastal habitats in sequestering CO_2[J]. Frontiers in Ecology and the Environment, 2011, 9 (10): 552–560.
NEUBAUER S C. Ecosystem responses of a tidal freshwater marsh experiencing saltwater intrusion and altered hydrology[J]. Estuaries and Coasts, 2013, 36(3): 491–507.
ROSENTRETER J A , MAHER D T , ERLER D V, et al. Methane emissions partially offset "blue carbon" burial in mangroves[J]. Science Advances, 2018, 4(6): eaao4985.
THAUER R K. Functionalization of Methane in Anaerobic Microorganisms[J]. Angewandte Chemie International Edition, 2010, 49(38): 6712-6713.
WANG F M, L U X L, SANDERS C J, et al. Tidal wetland resilience to sea level rise increases their carbon sequestration capacity in United States[J]. Nature Communications, 2019, 10: 5434.
WEI S Y, HAN G X, CHU X J, et al. Prolonged impacts of extreme precipitation events weakened annual ecosystem CO_2 sink strength in a coastal wetland[J]. Agricultural and Forest Meteorology, 2021, 310: 108655.
WORLD Bank. Managing Coasts with Natural Solutions: Guidelines for Measuring and Valuing the Coastal Protection Services of Mangroves and Coral Reefs [R]. Washington, DC: World Bank,2016.
XIAO X, AGUSTI S, LIN F, et al. Nutrient removal from Chinese coastal waters by large-scale seaweed aquaculture[J]. Scientific Reports, 2017, 7: 46613.
XIAO X, AGUSTI S, YU Y, et al. Seaweed farms provide refugia from ocean acidification[J]. Science of The Total Environment, 2021, 776: 145192.
YU D X, HAN G X, WANG X J, et al. The impact of runoff flux and reclamation on the spatiotemporal evolution of the Yellow River estuarine wetlands[J]. Ocean and Coastal Management, 2021, 212(6): 105804.

Abstract

Wetlands are important national and natural resources, which are known as the kidney of the earth, together with the forest-based land and the sea as the three major ecosystems in the world. In order to strengthen wetlands protection, the Chinese government has taken many initiatives, and in 1992, China joined the *Convention on Wetlands of Importance Especially as Waterfowl Habitat* (or the *Ramsar Convention*). Subsequently, under the impetus of the *Ramsar Convention*, wetlands conservation and rational use have become the priority of the Chinese government under the overall goal of sustainable development. Driven by the idea of ecological civilization, China has promoted wetlands conservation together with other wetlands convention parties. After nearly 50 years of development, the connotation of the *Ramsar Convention* has gradually evolved from the initial focus on the protection of waterfowl habitat and migratory waterbirds to the overall protection of wetlands ecosystem.

After the 19th National Congress of the CPC (2017), China gradually stepped into a new stage of development, and released the first comprehensive plan involving ecosystem protection and restoration—*Master Plan for National Key Projects for Ecosystem Protection and Restoration (2021–*

2035), which clearly planned the restoration of coastal wetlands to meet the needs of the new stage of development. And on June 1, 2022, *Wetland Protection Law of the People's Republic of China* came into force, which has provided a more solid legal guarantee for wetlands protection in China.

In order to further raise the awareness of wetlands conservation among the whole population, and in this way enhance national scientific literacy and ecological awareness, popularize the concept of harmonious coexistence between human beings and nature, and show the world China's actions and solutions in coastal wetlands conservation and sustainable development, this book, with 35 short essays, from an ecological perspective, illustrates the ecological functions of coastal wetland ecosystems, such as means of production and food supply, material regulation, biodiversity support, ecological security barrier, and cultural services, and looks at the relationship among coastal wetlands, ecological civilization and human development with a developmental perspective, taking into account Chinese practice.

The book takes stock of the types and basic conditions of China's coastal wetlands, reviews the status of China's internationally important coastal wetlands, and analyzes the cultural heritage and the turbulent changes of coastal wetlands through homeland sentiment and natural changes nurtured by wetlands; shows the natural driving force imposed on biogeochemical cycle and coastal zones in the land-sea interface through the stories of coral reefs and carbon, nitrogen and phosphorus, microorganisms and methane, silt mudflats and carbon pools, *etc.*; introduces various products provided by coastal wetlands to human beings by telling stories of seaweed cultivation, aquaculture, seawater salt production, marine pasture ecological plant, and migratory species protection; presents readers with a picture of biodiversity of coastal wetlands with spotted seal, mudskipper, Chinese crested tern, green sea turtle, and intertidal shellfish; shows readers the resilience of coastal wetlands ecosystem and value of ecological barrier by using of concepts of recharge stations, dampers, energy dissipators and boosters; portrays a variety of coastal zone topography produced by interactions between mangroves, oysters, red alkali puffs and other marine organisms and seawater, thus providing humans with high-quality cultural and tourism resources and carrying the ecological and cultural value of coastal wetlands. Guided by the new development concept of innovation, coordination, green, openness and sharing, the book selects stories on the practice of Two Mountain Theory on the islands, the building of a central marine city, the construction of a smart coastal zone and the development of Maritime Silk Road, and considers and elaborates on the relationship among ecological civilization, human development and nature conservation in the context of the unprecedented changes of the century and the rampant COVID-19 epidemic at home and abroad.